我
们
一
起
解
决
问
题

洞见力

比别人看得更准、做得更好

赵海民◎著

人民邮电出版社

北京

图书在版编目（CIP）数据

洞见力 ：比别人看得更准、做得更好 / 赵海民著
. -- 北京 ：人民邮电出版社，2024.1（2024.5重印）
ISBN 978-7-115-63007-0

Ⅰ．①洞… Ⅱ．①赵… Ⅲ．①思维方法—通俗读物
Ⅳ．①B804-49

中国国家版本馆CIP数据核字(2023)第201625号

内 容 提 要

一个人的成长与成就，本质上是由他的认知水平决定的，而洞见力正是认知水平的一个重要体现。只有不断提升自己的洞见力，我们才能比别人看得更准、做得更好。

本书首先将洞见力拆解为三个部分，即看清问题本质的能力、看懂未来趋势的能力和创新能力。作者围绕这三个部分，分别介绍了如何通过系统思维和模型思维来提高看问题的深度，发现事物的底层逻辑；如何通过战略思维和远见思维，看懂长期趋势，发现更多机会；如何通过切换视角和边界，跳出惯性思维，实现有效的创新。

本书适合希望通过提升认知水平来提升自己思考的深度、把握更多发展机会的读者阅读。

◆　　　　著　　赵海民
　　　责任编辑　杨佳凝
　　　责任印制　彭志环

◆人民邮电出版社出版发行　　　　北京市丰台区成寿寺路 11 号
　　邮编 100164　　电子邮件 315@ptpress.com.cn
　　网址 https：//www.ptpress.com.cn
　　北京盛通印刷股份有限公司印刷

◆开本：880×1230　1/32
　　印张：8　　　　　　　　　　　2024 年 1 月第 1 版
　　字数：180 千字　　　　　　　2024 年 5 月北京第 3 次印刷

定　价：59.80 元

读者服务热线：（010）81055656　印装质量热线：（010）81055316
反盗版热线：（010）81055315

广告经营许可证：京东市监广登字 20170147 号

前言

看不见的洞见力，让你更强大

最近几年，令我感触最深的就是，我们所处的这个时代和人真的变了。

第一，有些事不是变得更简单，而是变得更复杂了。很多事情的发生和演变，都不是其表面所呈现的那么简单，而是在其底层和内部隐藏着一个复杂的系统。随着时代发展节奏的加快，我们所面对的各种问题和系统也变得越发复杂。

第二，有些情况不是变得更平稳可控，而是变得更具不确定性了。一方面，疫情、地区冲突及灾害性天气等黑天鹅事件频发；另一方面，随着科技的迅猛发展，元宇宙、ChatGPT等"新物种"不断涌现。这些都给我们的经济、生活和工作带来了更大的不确定性。因此，很多人变得越来越迷茫和焦虑。

第三，有些人不是变得更有远见，而是变得更加短视了。在迷茫和焦虑中，无论创业者、职场奋斗者还是刚毕业的大学生，很多人在发展和成长方面的战略选择上都显得有些急功近利、有些短视，没能从更长远的视角来看待问题。

第四，还有一些人不是变得更有创造力，而是变得更保守固化了。越是在经济不景气的时代，越不能因循守旧，思维固化。如果企业和个人都不去创新、不去突破，就只会停滞不前，而靠守祖业、吃老本是无法适应这个时代的发展的。

处在这样的一个时代，无论个人成长还是企业经营，甚至一个地区和国家的发展，都需要强大的洞见力。因为洞见力就是一种竞争力，是对事物本质和底层规律的一种认知能力。人们洞见的是现象背后的本质，是发展中的趋势，是变化中的规律，是惯性思维中的创新。

当一个人有着深刻洞见力时，他就能够比一般人看得更深、更准、更不同。因此，洞见力是每个人都需要发展的一种综合思维能力，它由本质力、远见力和创新力构成。因此，如果我们具备一定的洞见力，就能够透过表象看本质，跳出眼前看未来，打破惯性思维看不同。而这种能力正是应对当下这个复杂多变、不确定性越来越强的时代的最好利器。

洞见力时代已经来临。无论你从事什么职业，处于什么领域，没有洞见力，就没有竞争力；没有洞见力，就没有远见力；没有洞见力，就没有创新力。越是在人工智能时代，如果不想被替代，就越需要具备强大的洞见力。

这两年，我一直在思考如何构建一个人的洞见力。我发现，洞见力强的人，不仅比没有洞见力的人看得更深，还能看得更准，而且创新能力也更强。基于此，我提出了洞见力成长三维体系，本书就是围绕这个体系展开的。

本书内容共分为四个部分。第一部分包含两章，第1章主要介绍了什么是洞见力、洞见力三维体系及洞见力的本质等内容。第2章重点围绕洞见力形成的三大基础能力展开，即学习能力、思考能力和实践能力。第二部分内容是洞见力的第一个维度，即比别人看得更深的能力，这部分讲解了如何通过系统思维和模型思维来构建洞见力。其中，第4章介绍了多个重要的超级思维模型，包括第一性原理、升维思考和无限游戏。第三部分内容是洞见力的第二个维度，即比别人看得更准的能力。这部分讲解了如何通过战略思维和远见思维来构建洞见力。本书的第四部分内容讲解了洞见力的第三个维度，即比别人看得更不同的能力，指出如何通过切换视角来摆脱人的思维惯性，实现突破和创新，进而构建洞见力。

洞见力的不同决定了人与人之间的差距。没有谁天生就具备强大的洞见力，它的形成不是一朝一夕的事，而是需要不断地练习，甚至要用一辈子去践行和提升。当洞见力达到一定高度时，它其实就是一种智慧。因此，虽然洞见力是看不见、摸不着的，但它能让你变得更强大。

在此，衷心希望有缘阅读到这本书的你，能够和我一起踏上洞见力成长之路，用不断成长的洞见力拨开迷雾，走出迷茫，开启自己的智慧人生。

目录

第一部分

洞见力的基本常识

第 1 章

什么是洞见力

洞见力三维体系

　　说起洞见力，大家其实并不陌生。古往今来，各个领域里都有洞见力很强的人。以我国的古圣先贤为例，老子、孔子、孟子、孙武及王阳明等，都是洞见力超强的人，其思想和著作穿越了历史时空，价值依然不减。在日常生活中，我们也经常用"意识很超前，看问题很准，很有远见"来描述一个人的能力，这种能力就是洞见力。

如何理解洞见力

　　目前，洞见力并没有一个统一的定义，但我们可以先了解一下什么是洞见。从字义来看，"洞"的本义是洞穴、山洞，其中的一个引申义是"透彻、清楚地看事物"，如洞悉、洞穿。"见"比较好理解，这里指对事物的观察、认识、理解，如见解、见识、远见。

"洞见"一词最早出自宋代秦观的《兵法》："心不摇于死生之变，气不夺于宠辱利害之交，则四者之胜败自然洞见。"

在字典中，"洞见"通常是指：明察；清楚地看到，能透彻地了解。其引申义是能透视不易察晓的事物，对事物的见解比较高明，比较有远见性。

那么，什么是洞见力呢？我把它理解为，认识事物或看问题时，能够透过表象深入体察其本质或底层规律的一种能力。当我们说一个人具备深刻洞见力时，是指这个人看问题能够深入到底层逻辑或本质层面。通俗地理解就是，洞见力是一种比一般人看得更深、更准、更不同的能力，能够看到一般人看不到的东西。

举例来说，在商业领域，企业管理者洞见力越强，越能够洞察到一般人看不到的市场机会，也更容易取得商业成就。被人们评价为"汽车工业创始人"的亨利·福特（Henry Ford）就是一个很有洞见力的人。

在他创业的时代，汽车还只是一个不为人所熟知的"新物种"，不仅生产成本高，而且速度也没那么快。就像他说的那样："如果你问你的顾客需要什么，他们会说需要一辆更快的马车……"如果亨利·福特根据顾客的回答去生产更快的马车，就谈不上什么洞见性了，因为那只是顾客的表层需求，很多人都能看到这一点。与其他人不同的是，亨利·福特洞见到了顾客需求的本质层面，即人们对交通工具需求的本质是对"快"的解决方案的需求，而不是对更快的马车的需求。只有从更深层次理解顾客的真正需求，才能提供更好的解决方案，而不是专注在顾客的表层需求上，即如何提高马车的速度。

华为公司创始人任正非对于商业及技术的发展也具备很强的洞见力。任正非曾强调："芯片这个东西光靠砸钱是不行的，得'砸'数学家、物理学家、化学家，中国只有踏踏实实地在数学、物理、化学、神经学及脑科学等各个方面努力地去改变，才可能从这个世界上站起来。"

这句话说的是什么意思呢？为什么任正非不说加大资金投入解决芯片研发问题，而是谈及教育层面呢？其实，这就是看问题的深度不同。他是从更深、更本质的层面去看问题的，一个国家要提高核心竞争力，尤其在前沿科技方面，光靠钱还不行，最终得靠一流的人才。而物理学家、数学家等人才的产生要靠教育。因此，他认为中国要发展科技产业，唯有提高教育水平，而且是重要的基础学科的教育水平，如数学、物理、化学及生物等。真正的科技创新必须依靠基础学科的深厚底蕴，如果只考虑眼前利益，我们必将失去长远的价值。

正是因为意识到人才的重要性，华为公司才非常重视基础学科人才的引进与培养。多年来，华为公司吸引了700多名数学家、800多名物理学家、120多名化学家，总共有六七千名基础研究专家、6 万多名工程师……也正是因为任正非洞见到了事物的底层规律，才有了今天华为公司在 5G 技术方面的世界领先地位。

　　除了商业领域，在其他诸如个人成长、学术研究及尖端科技等领域，洞见力同样十分重要。

洞见力三维体系

　　一个人的洞见力强，主要表现在三个方面，即看得比别人更深、更准、更不同。我把它称为"洞见力三维体系"，如图 1-1 所示。

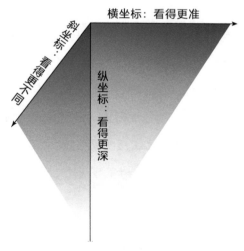

图 1-1　洞见力三维体系

为什么洞见力是三维的呢？这是因为洞见力之于人，不是一个点或一条线的概念，也不是一个面的概念，而是一个"体"的概念，洞见力是一个认知系统，更是一个认知体系。

纵坐标（看得更深）：透过表象看本质

在洞见力三维体系中，纵坐标表示看问题的深度，即看得比别人更深的能力，能够透过表象看本质。这也是洞见力最重要、最关键的一个维度。看问题越能够深入底层，就越能接近事物的本质，代表洞见力越强。

我们来看一个关于洞见力的小故事。

欧洲历史上，生活在同一个时代的两位作者，我们暂且称他们为作者甲和作者乙。他们都写了一本关于战争的书。作者甲的书在当时非常畅销，而作者乙的书在当时却无人问津。然而，在经过时间和历史的检验后，如今，两本书的命运发生了180°大反转。当时畅销一时的书，如今连同作者甲早已被埋没在历史的尘埃中了，没有人记得。而作者乙的书却成了伟大的军事著作，全球的军事家们至今依然在研究和学习。

上述小故事中的作者乙就是著名的军事理论家和军事历史学家克劳塞维茨（Clausewitz），他的著作就是享誉全球的《战争论》(*The Theory on War*)。而作者甲约米尼（Jomini），很少有人知道这个名字。为什么同样是写关于战争的书，其命运和结果却截然不同呢？

这就要从两位作者对战争的洞见力强弱方面去寻找答案了。这两本书都是在拿破仑与普鲁士的战争结束后出版的，约米尼的书主要总结了拿破仑在战争中取胜的经验及他的炮兵战术，同时，伴随着拿破仑在当时的巨大影响力和连战连捷的事实，这本书在当时畅销也是很正常的。但是放到今天来看，书中的内容已经过时了，试想一下，谁还会学习如何用火炮来赢得战争呢？

而克劳塞维茨的《战争论》并没有就具体的军事技术和个人的指挥能力来展开，而是从战争的本质层面去分析，写的是战争的本质和底层规律，不仅适用于过去的战争，也同样能够指导未来的战争。其实，这说明克劳塞维茨对于战争有着极强的洞见力，他不是就现象说现象，就战术说战术，而是透过现象深入底层去思考战争。

这两本书，一本讲的是知识和经验，另一本讲的是本质和规律。经验也许会过时，但事物的本质或底层规律却有着更长久的生命力。

横坐标（看得更准）：跳出眼前看未来

洞见力三维体系中的横向坐标表示看问题更准，比别人更有远见，能够跳出眼前看未来。一个人看问题看得比较准，更有远见性，说明其能够站得更高，格局和视野更大，而不是目光短浅，只顾眼前。当然，远见性的本质，追根究底还在于其底层思维能力。有远见性，其实就是通过对事物发展的底层逻辑或本质规律的把握，能够分析并看到一般人看不到的未来趋势或机会。

斜坐标（看得更不同）：打破惯性思维看不同

洞见力三维体系中的斜坐标表示比别人看问题看得更不同的能力。如何比别人看得更不同？本质上是打破常规、惯性的思维模式，以不同的视角看问题，从而能够看到不一样的结果，也更能看到问题的本质。比如，我们用逆向思维看问题，往往能够看到别人看不到的东西。总之，善于打破惯性思维、切换不同视角去思考和解决问题的人，其洞见力和创新力会更强。其实，阻碍一个人认知和洞见力提升的最大障碍就是固有的、习惯性的思维模式。

下面的小故事很好地说明了只要我们能打破惯性思维，切换不同视角，问题就会迎刃而解。

星期六的早上，外面下着小雨，妈妈出去买东西，只留下着急写稿的记者爸爸和四岁的儿子在家。小孩子没事做，就吵闹着让爸爸陪他玩。然而，爸爸满脑子都是稿子，哪有心思陪他玩呢？爸爸实在没办法，就找了一本杂志，将带有世界地图的封底页撕碎，然后对儿子说："陪你玩可以，但是我们得先做个有趣的拼图游戏，你现在回到自己的房间，先把我刚刚撕碎的世界地图拼完整，再过来找我玩吧。"

没有了孩子的吵闹，爸爸终于安静下来。然而没过几分钟，儿子就急匆匆地跑过来敲门，说是地图拼好了，让爸爸赶紧陪他玩。爸爸觉得不太对劲，有点生气，于是对他说："小孩子着急玩可以理解，但是千万不能撒谎，你怎么能在这么短的时间里拼好呢？"于是，爸爸带着怀疑的目光去看个究竟，却惊愕地看到儿子确实拼好了这幅世界地图。他诧异地看着儿子，不解地问："你是怎么拼得这么快的啊？"儿子用略带骄傲的语气说："很简单啊，我是按照地图背面的人头像拼的，人头像拼好了，世界地图也就拼完整了。"

在上述的小故事中，爸爸是从常人的惯性思维去看问题的，他以为儿子拼好世界地图要花费很长时间。但是，儿子却看到了世界地图背面的人头像，只要从这一面拼起来，就会又快又简单。

从上述小故事中，我们能够得到这样一个启发：无论看待这个世界还是解决一个问题，都应该尝试跳出习惯性的思维和视角，多一个视角就多一个选择和答案，你就能够看得与别人不同。

洞见力三维体系公式

总结一下，洞见力是一个认知系统，有三个维度：纵坐标表示比别人看得更深的能力，我们称之为"本质力"；横坐标表示比别人看得更准的能力，我们称之为"远见力"；斜坐标表示比别人看得更不同的能力，我们称之为"创新力"。因此，通过洞见力三维体系，我们得出洞见力三维体系公式如图 1-2 所示。

图 1-2　洞见力三维体系公式

虽然洞见力有三个维度，但归根结底，它们的核心都在于找到问题的本质和底层逻辑。总之，洞见的是现象背后的本质，是发展中的趋势，是变化中的规律，是惯性思维中的创新。

洞见力不是天生就有的

一个人的洞见力是天生就有的吗？为什么每个人的洞见力会有所不同呢？

可以肯定地说，洞见力不是天生就有的。就像人不是生而知之一样，洞见力是可以靠后天训练而形成的。生活中，有些人的洞见力很强，遇到问题总能够比别人想得更深入，看得比别人更准，不受惯性思维的束缚，其人生也容易取得更大的成就。当然也有很多人洞见力比较弱，甚至根本谈不上有洞见力，原因就是他们无法透过现象看本质，总是停留在表象层，自然过着平庸的生活。可以说，一个人洞见力的强弱，决定了他取得成就的大小。

洞见力是可以提升的

洞见力并不是与生俱来、先天就有的。也就是说，洞见力是可以通过后天的学习和练习来逐渐提升的。

洞见力是一种认知能力，其实也是一项技能。就像学习弹钢琴、写作、唱歌一样，我们只有不断地刻意练习，养成深度思考的习惯，并且在实践中不断地总结和反思，才能持续获得提升。当然，洞见力是一项抽象的思维技能，既摸不到，也看不见。它不像学习弹钢琴那么具象，能摸到键盘，能听到声音，能感知到音乐的律动。

可以说，洞见力的提升是一个不断迭代和进化的过程，也是认知能力不断升级的过程。

洞见力的强弱并不完全取决于看书多少

看书对于一个人的成长和提高重要吗？当然重要，因为学习是自我提升的最为重要和有效的手段。那么，为什么有的人看了很多书却依然缺乏洞见力呢？

生活中，大家可能遇到过这样的人，他们非常爱看书、爱学习，对各种信息知道得也比较多。然而你会发现，他们的洞见力并不强。还有的人在自己擅长的专业领域里能力很强，专业知识功底深厚，但是一旦超出自己的专业领域，其整个人的判断和认知事物的能力和洞见性就会差很多。

为什么会这样呢？这是因为洞见力是认知事物本质或底层规律的一种能力，如果你看了很多书，却不去思考本质和底层逻辑，只是知道了一些概念，掌握了一些信息，那么对于提升洞见力是没有用的。

多看书、多学习没有错，这也是提升洞见力的重要方法，但是一定要看那些可以真正提升你认知事物的能力、启发你深入思考的书，看那些具有底层原理知识的书。而且光看还不够，还要多思考和运用，这样才能将书中的观点内化吸收，真正通过读书学习提升洞见力。

洞见力的本质

洞见力是一种高级认知能力

从本质上来说，洞见力是一种高级认知能力，其核心是对事物本质和底层规律的认知，是每个人都需要发展的一种高级认知能力，更是一种稀缺的综合思维能力。

认知能力和洞见力两者之间相互促进，认知能力强的人往往洞见力也比较强，而洞见力强的人认知能力自然也很强。一个人随着洞见力的不断提升，他的认知边界也会不断扩大。

洞见力可以扩大人的认知边界

之所以说洞见力能够扩大人的认知边界，主要是因为洞见力越强的人，越能够运用底层逻辑看清事物的本质。而这个底层逻辑是能够帮助我们迁移思考的。

所谓迁移思考，就是借用其他问题的解决方法来解决当前的问题。在迁移思考的过程中，最重要的是找到与当前问题"表面不同，但本质相似"，也就是底层逻辑和规律相似的问题。也就是说，这个底层逻辑和规律不仅适合解决这个问题，而且适合解决其他问题。针对不同的问题运用同样的底层逻辑去思考和解决，就是迁移思考。

之所以能够运用底层逻辑去迁移思考和解决问题，是因为底层逻辑是不同之中的相同之处、变化之中不变的东西、现象背后的本质。越是接近事物底层的逻辑和规律，越不容易发生变化，越稳定，也越可以用来迁移思考。

例如，企业和产品是符合生命周期性原理的，总会经历发展初期、快速成长期、成熟期及衰退期。生命周期原理这个底层逻辑不仅适用于企业和产品，而且适用于个人的生命成长。

生活中，越优秀的人，越懂得运用底层逻辑去迁移思考，因为很多现象和问题背后的底层逻辑是相似的。查理·芒格（Charlie Munger）借鉴工程学的"冗余思维模型"（工程师设计桥梁时，会给它一个后备支撑系统及额外的保护力量，以防倒塌）来思考投资的安全边际问题。混沌大学创办人李善友先生在讲解企业的第二曲线创新时，借鉴了生物进化论与分形原理。

我们面临的环境一直都在变化，事物或问题的表象也在一直变化，而我们只有掌握了事物的底层逻辑，掌握了不变的部分，才能将其迁移运用到新的环境和变化中，从而产生适应新环境的方法论。

所以说，洞见力越强的人，迁移思考的能力也越强，因此，他的认知范围也就越大。

洞见力是一种智慧

在知识阶层图中，金字塔从下往上分别是数据、信息、知识和智慧，它们的价值也是从低到高。数据是事实和数字，而信息是有组织的数据，来源于数据且高于数据，数据和信息比较容易获得，价值自然不太大。知识是经过提炼的信息，而智慧从知识中提取，比知识具有更高的价值，表现为一个人的洞察力、创造力、判断力及远见力等。智慧往往更接近事物的本质和底层规律，因此，洞见力达到一定高度，其实就是一种智慧（见图 1-3）。

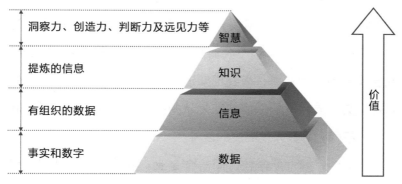

图 1-3　知识阶层图

中国古代著名的思想家、哲学家、道家学派创始人老子，就是一位洞见力极强的人，其传世几千年的代表作《道德经》就是其高深洞见力的证明，这部著作虽然只有寥寥 5 000 余字，却洞见到了宇宙、人生，乃至万事万物的根本规律和最底层的原理。

事实上，无论西方的伟大哲学家和思想家，如苏格拉底、柏拉图、亚里士多德、笛卡尔、莱布尼兹、帕斯卡、伏尔泰、狄德罗及卢梭等，还是我国的古圣先贤们，如老子、孔子、孟子、庄子、孙武及王阳明等，都有着极强的洞见力。他们的高深洞见力本身其实就是一种智慧。

洞见力决定人与人之间的差距

在经典电影《教父》中，有一句很著名的台词："花半秒钟就看透事物本质的人，和花一辈子都看不清事物本质的人，注定有着截然不同的命运。"我们说，洞见力是一种对事物本质和底层规律的认知能力，而我们知道，人与人之间之所以会产生差距，其本质和深层原因往往是认知能力的不同。所以说，洞见力的不同会导致人生高度的差异。

生活中，同一所学校、同一个专业毕业的学生，其智商和所学的知识都差不多，但是十几年乃至二十年后，你会发现，每个班中都有那么一两个发展得特别好的人，与其他人的差距非常大。这里一个非常重要的原因就是洞见力不同。那些毕业后通过各种方式不断提升洞见力的人，能够洞见到更好、更多的发展机会，往往也会发展得更好。而那些还停留在只看事物表层现象的人，往往发展得比较缓慢，取得的成就也不大。

作为武汉大学计算机系毕业的一名学生，雷军是一个既勤奋又爱思考的人，具备很强的洞见力。大学时，他仅用两年时间就修完了所有学分。受《硅谷之火》（*The Fire of Silicon Valley*）一书中创业故事的影响，他在大四时就开始创办公司，后来又在金山软件公司拼搏了 16 年，迎来了金山软件公司的上市，这成了他人生的第一个高光时刻。但是他发现，虽然每天工作不少于 16 个小时，公司管理得也很好，付出的努力不亚于任何人，但金山软件公司与同一时期的互联网巨头（阿里巴巴、腾讯、百度）相比还是掉队了。为此，他发出了这样的疑问："我比马云创业早 10 年，比他更勤奋，为什么还是落后了？"

经过深刻的思考和反思，雷军终于在四十不惑的年纪洞见到了一件事，那就是想明白了努力与成功的关系。他总结道："聪明、勤奋不能保证你成功，真正重要的是顺势而为。"于是，2010 年，雷军创立了小米公司。小米公司于 2018 年成功在香港上市，市值远超金山软件公司。

在这个创业氛围最好的时代，唯有顺势而为，才能更容易取得更大的成功和成就。2021 年 3 月 30 日，在小米公司春季第二场发布会上，雷军再一次向自己的人生发起了最为重要的一项挑战，那就是造车。他说："这将是我人生中最后一次重大的创业项目，我深知做出这个决定对我意味着什么。我愿意押上我人生所有积累的战绩和荣誉为小米汽车而战，这个决定意味着我们要做好再全力冲刺5~10年的准备，我们将以巨大的投入、无比的敬畏和持久的耐心，来面对全新的未来。"

这就是雷军的与众不同之处，也是其洞见力不凡之处，造车的想法既是顺势而为的洞见，其实也是结合了自身的资源能力，在经过深思熟虑、正确评估后做出的战略选择。这样的选择背后绝不是拍脑门的结果，而是一种超前的战略洞见。

每个人的一生都会面临一些重大选择，不同的选择会带来不同的人生结果，而每一次选择都能够看出每个人洞见力的不同。洞见力越强的人，其选择也更具理性和远见性，更能掌握事物的本质和规律，取得的人生成就也会越大。被称为"信息论之父"的香农（Shannon）曾说："你越能触及问题的本质，得到真知灼见的效率就越高。"事实上，无论商业领域还是科研领域，能够最终取得巨大成就的人，其洞见力都非常强。

洞见力形成的三个阶段

洞见力是认知由现象层深入本质层的过程。也就是说，一个人想要具备洞见力，他的认知能力就不能停留在事物的表象层或现象层，而是要深入事物的本质层或底层，这样才能找到事物更为普遍的底层规律。只有用底层规律去思考问题、解决问题，才能更准确地把握事物的本质，才会更有洞见力（见图1-4）。

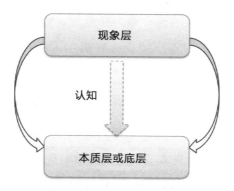

图 1-4　洞见力形成的过程

对于洞见力形成的三个阶段，我们可以用人们常说的以下三种境界来进行类比说明。

第一阶段：见山只是山，见水只是水。这句话是什么意思呢？就是我们在看待事物时，只从表面现象入手，只用眼睛简单地去看、去观察事物，主要依靠的是我们的直觉和感觉去判断。这样的观察只是停留在表面或表象，同时也会产生片面的认知，使我们无法观察到事物的全貌，更无法进入事物的深层去洞察其本质，因此就不会做出带有深刻洞见性的判断。

事实上，生活中很多人都停留在第一个阶段，无论遇到什么事，都习惯性地从表面现象出发做出判断，这时往往容易产生片面性和局限性，看不到事物的全貌及本质，也因此会做出错误的决策。

就像创业投资一样，有的人看到什么行业火就跟风做什么，根本看不到背后需要的核心能力和资源。创业本身失败率就很高，如果只是觉得行业比较火，看到别人赚钱就一头闯进去，那么很容易失败。

第二阶段：见山不是山，见水不是水。到了这个阶段，其实就已经进入怀疑、反思和批判的阶段了。也就是说，我们不再简单地看现象、看表象了，而是开始对现象和表象进行怀疑、反思和批判，开始向事物的本质和底层规律探求，而不再简单地根据表象做出判断了。

第三阶段：见山还是山，见水还是水。在经过第二阶段的分析、验证后，洞见力的发展进入了第三阶段。在这一阶段，人们已经解除疑虑，获得领悟了。也就是说，一个人遇到任何问题都会习惯性地深入事物的本质层去思考了，这已经成为他的一种思维习惯了。

一个人洞见力的形成大致会经历上述三个阶段，只有到达第三阶段，才算是真正具备了成熟的洞见力思维。

洞见力形成的障碍

前面讲过，洞见力是可以经过后天培养和提升的，那么为什么很多人的洞见力水平依然很低，甚至有的人基本上没有洞见力呢？这其实与洞见力形成的障碍因素有关。

学习障碍

洞见力属于认知能力。一个人认知能力的提升离不开学习，要想在某一领域持续成长，不断提升洞见力和认知能力，就必须具备持续学习的能力。而生活中很多人都不是很爱学习，毕业后就更少看书学习了。然而，真正重要的学习恰恰是从毕业后开始的，尤其是洞见力的提升，更需要持续学习。

学习障碍是阻断一个人成长的主要因素，放弃学习就等于放弃成长。如果我们始终把自己置于舒适区，下班后就是打游戏、刷短视频等，长此以往，我们的洞见力很难得到提升。

思考障碍

洞见力提升的第二个障碍是思考障碍，就是不爱思考，很少进行深度思考。而思考又是高强度用脑的过程，有时候当你进行长时间的深度思考后，会感觉非常累，这种累其实是因为思考的过程在大量消耗你的能量。正因为如此，很多人不愿意去思考，所以也就无法形成爱思考的习惯。而洞见力的提升需要深入思考，不思考就无法触及事物的本质，也无法发现事物的底层规律，只能停留在事物的表面，洞见力自然无法得到提升。

实践障碍

只有实践，才能获得新经验，而获得新经验的过程就是认知积累和提升的过程。王阳明讲"知行合一"，意思就是只有你真正做到了，才算真正知道；只有你真正做到了，认知才能得到提升。洞见力的提升离不开实践，实践是最好的老师。很多优秀企业的创始人之所以有超越一般人的洞见力，就是因为他们始终在实践中成长，在实践中不断获得新经验、新认知。

在现实生活中，有很多人虽然有很多想法，但是很少去做，只是停留在想法中，始终无法突破自己。这就是我所说的实践障碍，如果不去实践，那么将永远无法获得新经验和新认知，洞见力自然无法快速得到提升。

思维障碍

其实，学习障碍、思考障碍和实践障碍都还不是最根本的原因，一个人的思维障碍才是导致洞见力无法得到提升的最根本的原因。卡罗尔·德韦克（Carol Dweck）在其著作《终身成长》（*Mindset: The New Psychology of Success*）中将人的思维模式划分为两种：一种是成长型思维模式，另一种是固定型思维模式。当一个人拥有固定型思维模式时，就产生了极强的思维障碍，认为人的才能和认知都是一成不变的，再怎么努力也没有用，总认为自己这辈子就这样了，无法再提升和成长了。这样的思维障碍会阻碍一个人的发展和成长，使其不愿意再去学习新技能、新知识，这会对人的洞见力的提升造成巨大的障碍。

固定型思维的人其实是在给自己设限，给自己建造了一堵厚厚的墙，并不是自己没有能力做到，而是自己从来不相信自己能够做到，对自己的学习、成长产生了固化思维。这就像生物学家在关于跳蚤的实验中发现的一样，本来跳蚤能够轻松跳到一米多高，但是如果你把它放到一个低矮的玻璃罩里，它就会慢慢降低自己跳的高度，不然会狠狠地撞到玻璃罩上。当把玻璃罩的高度降到贴近桌面时，跳蚤也就不再跳了。即使你拿掉玻璃罩，跳蚤也不会跳了，因为它已经失去了跳的意愿。

这种现象就是"自我设限"。一个人洞见力的提升首先要打破固定型思维，不给自己的人生设限，成为一个具有成长型思维模式的人，这样才能提高洞见力水平。

洞见力是一种强大的竞争力

洞见力是一种反脆弱能力

当下正处于一个快速变化的时代，科技革命与创新、互联网浪潮及地区冲突等诸多因素加剧了时代的不稳定性、不确定性、复杂性和模糊性，有人说这就是"乌卡"（VUCA）时代。相比以往任何时代，我们确实感受到了更多的不确定性，黑天鹅事件越发频繁，很多东西变化得太快，而且越来越复杂。

在这样的一个时代，洞见力越发显得重要。因为只有深入了解事物的本质和底层逻辑，才能在不稳定、不确定、复杂和模糊中找到事物发展的规律。而这些规律是比较稳定和不易变化的，能够帮助我们应对复杂多变的世界。可以说，洞见力是VUCA 时代非常重要的一种反脆弱能力。因为越是底层的规律、本质层面的道理，越能够让我们在复杂多变的世界中不迷失。如果我们抓住了事物本质，那么即使面对黑天鹅事件，也会从容面对，从混乱、波动、动荡和改变当中获取最大利益，让自己变得更加强大。

2008 年的全球金融危机，相信很多人依然记忆深刻，由美国的次贷危机引发的金融危机迅速席卷全球，给美国、欧盟等地很多金融机构带来了巨大影响。然而，在这场危机中，美国有一家对冲基金公司不仅没有受到冲击，反而在危机中获益颇丰。很多人觉得不可思议，因为这场金融危机堪称百年一遇，有着 150 多年历史的美国第四大投资银行雷曼兄弟公司被迫申请破产。为什么大危机来临之时，不同的机构会有不同的命运呢？背后的关键就是能否事先洞见到危机。

被称为"对冲基金第一人"的约翰·保尔森（John Paulson）就是上面提到的这家对冲基金公司的负责人。根据自己多年的经验和掌握的数据，他洞察到了危险信号。他发现，从 1975 年至 2000 年，美国房价年度增长率只有 1.4%，但是从 2001 年至 2005 年，房价每年涨幅却达到了 7%，这明显偏离了过去的增速。他还深度研究了当时的房地产市场，发现房价虽然涨得厉害，但是贷款的违约率却变低了，甚至很多没有偿还能力的人，也可以轻松地获得贷款，这就完全违背了市场的基本规律和原理。因此，他预感到一旦房价暴跌，很多人就会还不起贷款，整个行业的资金链随时可能断裂。保尔森根据自己洞见到的危机，于 2006 年 7 月筹集了 1.5 亿美元用于做空担保债务凭证（CDO）。而当时的情况是房价还在高涨，他的行为受到了主流投资方向上各路机构和专家的质疑和嘲笑，他的基金也确实在不断赔钱。然而没过几个月，次贷危机就初现端倪，他的基金收益开始由负转正，等到 2007 年 8 月次贷危机全面爆发后，大家才真正地佩服保尔森对于危机的洞见力，而他自己也在这场危机中赚得盆满钵满。2015 年的电影《大空头》就是以保尔森为原型拍摄的。

很多危机在爆发之前，其表象都是一片欣欣向荣，股灾也是如此。在股灾来临之前，一派牛市的气象，指数更是节节升高，许多人纷纷涌入股市。但是真正有洞见力的人都会深入事物的底层看问题，而不是只看表象。就像投资大师巴菲特所说的："在别人贪婪时恐惧，在别人恐惧时贪婪。"这不仅仅是一句简单的投资理念，而是深入人性层面的深刻洞见。很多人都明白这个道理，却很少有人能够真正做到，就是因为其洞见力不强，没有真正认识到根本。

洞见力创造商业竞争优势

创业成功离不开对市场机会的洞见

在当今这个商业竞争十分残酷的时代，一家企业的创始人有没有洞见力，对市场机会的洞见性强不强直接决定创业能不能成功。要想在这个时代创业突围，就必须具备对市场机会和需求的深刻洞见力，这样才能提高创业成功的概率。

拼多多大家都很熟悉，这几年发展迅猛。为什么在天猫/淘宝、京东等巨头牢牢把控的电商领域里，拼多多能够迅速崛起、成功突围？其背后就是源于创始人黄峥对市场机会的深刻洞见。

大多数人对拼多多的崛起都是从现象层面做点状的分析，有的人认为是运气好，有的人认为是靠低价策略，有的人认为是营销做得好，其实这些都不是最深层的原因。要说对拼多多的崛起分析和解读得最为深刻、最有洞见性的非"中关村第一才女"梁宁莫属。

梁宁对拼多多的分析是从更系统的层面、更底层的"价值网"理论来进行的。

价值网是指利益相关者所结成的关系。在这张价值网里，主要的要素是客户、产品、技术和组织。克莱顿·克里斯坦森（Clayton Christensen）在其著作《创新者的窘境》（*The Innovator's Dilemma*）中说道："真正决定企业未来发展方向的是市场价值网，而非管理者。企业管理者的核心能力就是识别自己赖以生存的价值网。企业管理者应该建立一个组织，与这个价值网进行资源对接。"

梁宁认为拼多多迅速崛起背后的本质就是黄峥找到了一个新的价值网。这个新的价值网形成的背后，说到底就是梁宁认为的低端供应链和低消费人群如何安放的问题，而拼多多就是在这个价值网里解决了大家的需求。

具体来说，就是梁宁所说的四大红利。

一是供应商红利。拼多多价值网里的商家资源红利得益于淘宝网商家的外溢。阿里巴巴对天猫的扶持，让淘宝网在前些年关闭了一大批低价产品的商铺，正当这些商铺的经营者没有出路的时候，拼多多张开了双臂，很短时间内就解决了原始阶段的供应商问题，也就是卖家商铺问题。

二是团购模式红利。拼多多是一家专注于 C2M 拼团购物的第三方社交电商平台，在千团大战后几乎没人再做拼单团购模式，并且"聚划算"被划归天猫后导致整个淘宝的低端商品团购业态成了空白之地，这时的拼多多正好及时补上了。

三是价值网里的用户红利。前些年大城市的购物人群基本被天猫、京东等大平台电商占领，而小城市的人群，以及广大的乡镇农村上网人群远未被覆盖。随着物流能力的提升，智能手机的普及及线上支付的便捷，拼多多迅速打开了这个巨大的用户市场。

四是社交电商红利。随着前些年微信的崛起，社交电商迎来了高速发展期，拼多多抓住了社交电商的这个机会，成了其中的佼佼者。

黄峥洞见到了这个新价值网的市场机会，创立了拼多多，取得了商业上的成功。而梁宁用价值网理论系统地解释了这个洞见。一个能够洞见到现象背后的商机，一个能够洞见到事物背后的底层逻辑和本质。显然，二者都是商业领域里的洞见力高手。

我们发现，对于同一个问题的分析，人与人之间会产生很大的差异。有的人只从现象入手，做表层的分析，得出的结论自然没有深度，也不会给人以启发性。只有深入问题的底层去分析，才能够给人一种拨云见日、豁然开朗的感觉，而这就需要一个人必须具备较强的洞见力。

从很大程度上来说，未来商业的竞争就是洞见力的竞争，无论对需求的洞察还是对产品的创新，都需要洞见力。洞见力是未来商业领域最为重要的竞争力。

伟大产品的创新来源于对消费需求的深刻洞见

洞见力是商业组织进行产品创新至关重要的一种能力，许多伟大产品的创新都源于对消费需求的深刻洞见。有时候，消费者真正的或深层的需求并不是一眼就能够看出来，也不是做个市场调研就能够掌握的，而是隐藏在表象需求之下。这时，就需要创始人或者团队拥有对真正需求的洞见，揭开消费者本质需求的面纱，进而创新产品以满足其需求。

亨利·福特之所以没有去改进马车，就是因为他洞见到了人们对交通工具需求的本质——不是更快的马车，而是对"快"的解决方案，这样才让汽车这个创新产品走进千家万户。智能手机颠覆功能手机，同样是源于乔布斯对手机需求的深刻洞见力。那时，几乎所有手机生产商努力的方向都是在全力改进手机功能，以满足消费者对各种功能的需求，功能机时代的霸主诺基亚更是拥有上百种机型。当时，几乎所有的手机生产商都觉得消费者不会对手机有任何新的需求了。但是当乔布斯在旧金山的莫斯康展览中心向世人展示苹果第一代 iPhone 时，人们才惊讶地发现，原来自己对手机的需求还远未被满足。乔布斯的伟大之处就在于其对消费者潜在需求的深刻洞见力，他不是在迎合需求，而是在创造消费者需求。他用超强的洞见力重新定义了手机，彻底颠覆了人们的生活。

华为公司的 5G 技术之所以领先世界，就是源于华为团队对移动信息通信行业发展的深刻洞察力。关于华为公司 5G 持续领先的秘诀，华为公司无线产品线副总裁甘斌在一次全球分析师大会上总结了华为公司持续创新的三大"DNA"，即洞见、开放、聚焦。华为公司团队对行业的超前洞见，使其投入 5G 技术的研究已经超过了 10 年。截至 2020 年 1 月 1 日，华为公司以拥有 3 147 项 5G 标准专利排名世界第一。2019 年，任正非在接受中央广播电视总台等媒体采访时说："在 5G 技术方面，别人两三年内肯定追不上华为。"更具战略前瞻性的是，5G 网络才开始商业化不久，华为公司就已经提前布局开始研究 6G 网络技术，预计 2030 年投入商用。

无论创业还是创新，都离不开创始人及其团队对市场、消费者需求的洞见力。事实上，很多创业机会并不是显露在表层，而是潜藏在表层之下的。这时，就需要我们用洞见力去挖掘出深层的消费需求和市场机会，用创新的产品去满足其需求。

洞见力是个人成长的最大竞争力

除了商业领域外，洞见力在个人成长领域也十分重要，因为个人竞争优势的原动力来自认知，而洞见力是一种高级认知能力。如果一个人能够对个人成长的底层规律有所认知和洞见，就能够实现人生的高效成长。

我在《底层思维：卓越人生的逻辑魅力》一书中，就写到了很多关于成长的底层规律。比如，造成人与人之间差距的底层原因其实是一个人的认知能力，而我们所说的成长，说到底就是认知的不断升级。当你能够认识到这一点时，你就会想办法不断地通过学习、练习等各种方式提高自己的认知能力。

成长的投资思维告诉我们，一定要利用好复利思维，坚持每天进步一点点，可能半年、一年见不到明显的效果，但是 5 年乃至 10 年后就会产生巨大的复利效应，也就拉开了与别人的差距。生活中那些各行各业所谓的高手，其实都是日复一日持续进步的结果。当你有了成长的投资理念，你会发现人这一辈子最有价值和回报率最高的投资就是投资自己，进而你会将自己的主要精力和时间都放在练就真本事上，而不是每天刷短视频、追网剧。当你真正有一天成长起来了，你会发现自己拥有了更优质的业务资源，社交圈子变广了。不要感到意外，因为社交的本质就是资源和价值的交换。要想有优质的社交圈，你就要能够给别人带来价值。说到价值，其实价值原理也是一个人成长中非常重要的底层思维，个人品牌的打造最根本的就是你能够为社会、为别人创造价值，这是建立个人品牌的基础。

关于成长的底层思维还有很多，如长期主义思维、战略思维、定位思维、赋能思维、品牌思维及系统思维等。大家有兴趣可以看看《底层思维：卓越人生的逻辑魅力》这本书。事实上，一个人的成长既要知其然，也要知其所以然，这就需要具备对高效成长底层规律的洞见力，这样才能既懂得道理，又能够过好这一生。

洞见力时代来临

世界变得越复杂、不确定性越强，我们越需要具备洞见力。

互联网、大数据及人工智能的发展越来越快，很多普通、程序化、标准化的工作都将被人工智能所取代，在职场中生存越来越需要具备洞见力。

好的创业项目和市场机会只属于那些善于思考、具备独特见解和洞见力的创业者，产品创新更需要深入消费需求的底层去挖掘其本质才能实现。可以说，各行各业、各个领域的人都离不开洞见力，洞见力已经是这个时代最为重要的竞争力。

毫不夸张地说，我们已经进入了"洞见力时代"。不管你做什么，没有洞见力，就没有竞争力；没有洞见力，就没有远见力和创新力。在人工智能时代，如果不想被替代，就需要具备深刻的洞见力。未来已来，当下你需要做的，就是通过不断地提升洞见力来持续增强竞争力，以掌控和赢得未来。未来的竞争是认知的竞争，未来的竞争是洞见力的竞争。

第 2 章

形成洞见力的三大基础能力

要想真正成为一个有洞见力的人，我们需要具备三大基础能力，即学习能力、思考能力、实践能力。学习是形成洞见力的基础，思考是洞见力吸收和内化的过程，而实践是洞见力知行合一的过程，三种能力缺一不可，见图 2-1。

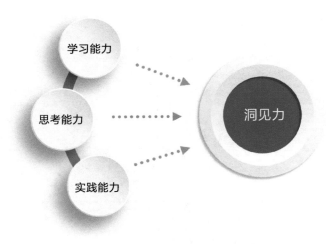

图 2-1　形成洞见力的三大基础能力

从图 2-1 中可以看出，从学习到思考，再到实践，是洞见力形成的正向循环过程，学习促进思考，思考促进实践，实践又进一步带动学习。三者相互促进，相互推动，不断增强，构成了一个正反馈循环系统。这个系统在不断学习、不断思考和不断实践的循环过程中不断迭代、升级，进而使洞见力不断提升（见图 2-2）。

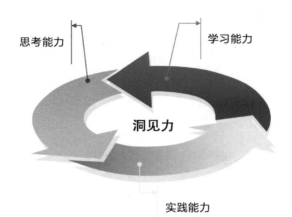

图 2-2　三大基础能力构成正反馈循环系统

从图 2-2 中可以看出，洞见力的提升是一个循序渐进的过程。首先，通过学习大量的知识，然后经过思考和内化吸收，进而提炼形成模型、规律，用于指导自己的行为。其次，需要在实践中进行大量的练习和应用，达到知行合一。这一过程不断循环和迭代，最终形成不断升级的智慧和洞见力（见图 2-3）。

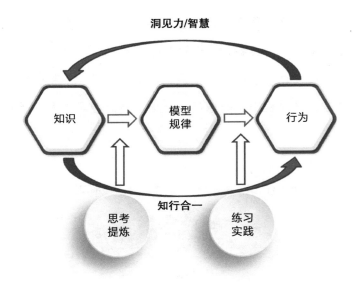

图 2-3　洞见力提升的过程

　　当然，构建和提升洞见力的过程，远非几句话就能说清楚，具体方法将在下文详细阐述。

学习能力

　　樊登曾说："眼界，是学习撑大的。"眼界宽了，你的世界自然就大了。洞见力的形成，同样需要大量且持续的学习。

洞见力是学习撑大的

古今中外，无论哪个领域，凡是洞见力强的人，都有一个共同的特征，就是爱学习。学习能力是一个人形成洞见力最为基础的能力。

其实，认识到学习的重要性，也是一种洞见。越是优秀的人，认识得越深刻，实践得也越好。有一次，我刷到万科集团创始人王石的短视频，虽然已经到了 70 岁的年纪，但他仍然坚持每年看大约 300 本书。新东方创始人俞敏洪的读书量也十分惊人，一年至少读 100 本书。华大基因 CEO 尹烨也曾说自己一年能读 200 多本书。其实，各个领域中优秀的那些人，他们的洞见力都很强，也都是终身学习的践行者。正应了那句话：比你优秀的人比你还努力，你有什么资格不去奋斗？！

学习是提升洞见力最基础、最有效的方法。那么，该如何通过学习提升洞见力呢？

保持开放的系统

每个人的成长过程中都有一个系统，我们必须使这个系统保持开放，不断地在系统外学习和吸收新的东西，如此才能保证系统的更新迭代，实现生态化成长。一旦系统变得孤立、封闭起来，时间一长，就会变得僵化、停滞，甚至最终走向灭亡。

物理学中有个熵增定律，它是一个非常基础又重要的定律，也是目前万事万物都遵从的一个底层规律。该定律是由 18 世纪德国物理学家和数学家、热力学的主要奠基人之一鲁道夫·克劳修斯（Rudolph Clausius）最早发现的。

"熵"的概念来自热力学第二定律，是衡量一个系统"内在混乱程度"的指标。熵增描述的是一个系统会从相对有序的状态向相对无序的状态演变，而且这是一个自发、不可逆的过程。熵增定律指出，对一个孤立的或与外界无能量交换的封闭的系统而言，系统内总是趋于熵增的，直至达到熵的最大状态，也就是最混乱无序的状态，而任何一个孤立的系统最终都将归于死寂。

由熵增定律引发的现象在生活中随处可见。一个人的办公桌或抽屉，如果不去定期整理和收拾的话，就会变得越来越乱。如果家里有小孩，那么厨房、客厅通常会混乱不堪。企业的经营管理也是如此，作为一个组织系统，必须保持开放，不断与外界进行能量和物质交换，否则无法对抗熵增。管理学大师彼得·德鲁克（Peter Drucker）曾说："管理要做的只有一件事，就是对抗熵增。只有这样，企业的生命力才能提升，而不是默默走向死亡。"其实，大到一个国家的经济系统也是如此，必须保持开放，否则就会走向混乱和衰亡。

因此，提升洞见力首先就要将自己的这个系统打开，成为一个具备成长型思维而不是固定型思维的人。只有不断学习新知识，不断吸收新能量，才能更好地对抗熵增。而在生活中，并不是每个人都能够做到如此。有的人习惯待在舒适区里，不再学习和进取，一副"躺平"的消极姿态。还有一部分人滋生了固化思维，认为学习没什么用，人生也就这样了。一旦有了这种想法，人也就故步自封起来，成长这个系统就会不断熵增，最终被淘汰出局。

在这一点上，我们更应该向大自然的生态系统学习，保持开放的姿态，不断吸收新东西，形成一个自开放、自驱动、自增值和自反馈的循环系统。树立终身成长思维，怀着一颗谦逊和敬畏的心，通过不断学习来扩大自己的认知边界，进而不断提升洞见力。相反，如果把自己封闭起来，自我成长的系统就会越来越僵化，认知能力不再提升，洞见力也就无从提升。

学习更有价值的知识

肯定有读者会问：到底学习什么样的知识更能提升我们的洞见力呢？

学习知识对于提升洞见力非常重要，但更重要的是，你得明白学习什么样的知识更重要、更有价值。并不是学习所有的知识都能够提升洞见力，而且我们每个人的时间都是有限的，无法学习所有的知识。因此，这就要求我们去甄别哪些知识更有用，哪些知识更有助于洞见力的提升。

投资大师查理·芒格对此早就有所研究。他认为，在学习过程中，不需要了解所有的知识，你只要汲取各个学科中最杰出的思想和那些具有普遍指导意义的原理和规律就行了。他将这样的知识称为"普世智慧"，如摩尔定律、锚定效应等都属于这类知识。

掌握一些重要的原理性知识对于一个人洞见力的提升非常重要。按照查理·芒格的说法，掌握一个原理就相当于掌握了一种模型思维，当你掌握了几十个甚至上百个这样的知识时，你就有了同样多的模型思维，而这些模型思维会让你拥有非常强的洞见力。事实上，模型思维非常重要，关于如何用模型思维提升洞见力，我会在后面单独用一章来介绍。

去哪里学习原理性知识

跨学科学习

如果你想学习更多的原理性知识，就需要扩展你的学习范围，不能把自己局限在某个领域里，而是要跨学科学习。因为很多重要的原理性知识并没有集中在某个学科里或某个领域里，而是分散在多个学科或多个领域里。我们需要像对待珍珠一样，一颗一颗耐心地去寻找、发掘，最后把它们串成一条熠熠生辉的"洞见力"项链，照亮睿智的人生。

很多人的学习领域都比较狭窄，喜欢什么领域就一直看这个领域的书。其实这对一个人洞见力的提升是没有什么益处的，还容易导致"能力陷阱"。只喜欢做自己擅长的，学习自己感兴趣的，从专业知识的角度来看，这样做没有错。但是从提升洞见力的角度来看，这样做是远远不够的。就像查理·芒格所说，如果你总是集中在某个学科或某个领域里学习，那么你就只有一种模型思维，在思考或解决问题时容易受限，会产生现实扭曲和认知偏差。

事实上，真正有价值的底层知识不会集中在某个学科或某个领域里，因此，提升洞见力的学习应该做到跨学科、跨领域。其实，很多基础学科中都包含一些重要的底层知识，如数学、生物学、心理学、历史、哲学、物理学、工程学、经济学及社会学等。只有吸收其他学科的重要知识和理论思想，提升洞见事物本质的能力，才更有助于自身领域的发展。这就好比你是做金融投资的，你不仅要学习金融知识，还要涉猎心理学、行为学、经济学、历史及哲学等领域的重要原理性知识，以提升认知能力和洞见力。

向大师及其经典作品学习

在人类历史上，在东西方文明发展的过程中，都涌现出了很多大师级的人物和经典作品，为人类的文明和发展带来了深远的影响。这些大师的思想和作品中充满了智慧和洞见，他们的思想和作品可谓是提升洞见力最好的源泉。

老子及其代表作《道德经》，相信每个中国人都不陌生，作为中国古代最具智慧和洞见性的国学经典著作之一，流传了 2 500 多年仍被全世界的人研究和学习。为什么这本书有如此强大的生命力呢？就是因为书中的内容和思想揭示了事物的本质和底层规律，虽然只有寥寥 5 000 字，却洞见到了宇宙、人生、治国，乃至万事万物的根本规律和道理。书中的内容可谓句句是经典，章章是洞见。这样的经典著作需要我们用一生去学习，因为它会为我们的洞见力提供源源不断的养分。

历史上介绍兵法的书不少，但是能够延续上千年而经久不衰，对当今仍具有指导意义的却凤毛麟角，《孙子兵法》就属于其中的代表。它的强大生命力源于它用底层规律和逻辑去看待战争与兵法，是一部高度抽象的军事哲学著作，也被称为"兵学圣典"。它从"道"的层面而不是"术"的层面总结了战争取胜的基本规律和原理。可以说，这部著作充分体现了孙武对军事和战争的深刻的洞见力。它的价值已经超出了军事层面，对于商业领域、医疗领域，甚至体育竞技等领域都有重要的指导和借鉴价值。

越能够流传久远的著作和思想，越能体现其中的洞见力和智慧。想提升洞见力不知道学什么，其实根本不用到处去找，就藏在大师的经典作品中。

同构学习法

什么是同构学习法？说得通俗点，就是通过一个领域的知识或原理来理解另一个领域的问题。当你学习到了一个领域的原理性知识时，要尝试去思考和运用，想一想还能不能解决其他领域的问题？当你这样做的时候，你就慢慢地掌握了同构学习法。

比如，音乐和数学就具有同构关系，很多大师级的人物都对此研究过。德国著名哲学家、数学家莱布尼茨（Leibniz）曾说过："从基础角度来说，音乐从属于数学。"也就是说，音乐好不好听，都是由严密的数学规律决定的。

生物学中的进化理论与企业创新也具有同构性。李善友在《第二曲线创新》一书中指出，企业由第一曲线向第二曲线创新的过程为"分形创新"。而分形理论是关于事物局部形态和整体形态的相似性的。这些部分与整体以某种方式产生的相似的形体就被称为分形。分形在自然界中十分常见，如海岸线、岩石的断裂口、树冠、大脑皮层及连绵的山川等。很多企业的创新也是在其第一曲线的基础上分形创新出第二曲线。比如，美团最早做团购，后来分形出外卖业务；亚马逊电商平台分形创新出云计算服务。当你掌握了自然界中的分形理论，你就可以将其应用在企业创新领域。

为什么同构学习法有效呢？得到 App 创始人罗振宇在《罗辑思维：认知篇》一书中说道："这个世界绝大部分知识领域都可以分成两类：一类是天然世界，另一类是人造世界，也就是自然科学和人文科学。这两个世界的内部往往都是同构的。"天然世界的分形与人造世界的企业第二曲线创新就是如此。不仅如此，在人造世界的文字、音乐、美术乃至视频，在深层逻辑上也是同构的。

因此，掌握了同构学习法，就能够运用一个领域的原理性知识去解决其他领域的问题，而且同构学习能够帮助我们更接近事物的本质。通过学习大量的各个领域的原理性知识，然后运用同构学习法去解决更多领域的问题，可以扩大我们的认知范围，提升认知能力，由此我们的洞见力自然就提升了。

构建知识体系

对原理性知识的学习和积累达到一定程度后，接下来就要构建自己的知识体系了。知识学得多了，就构成了一个知识网络，新知识与旧知识也建立了联系，久而久之，就会形成一个健全的知识体系。当你只掌握少量的原理性知识时，思考问题就会是点式思维，不成系统。而一旦掌握的原理性知识多了，就能够构建出一套知识体系。这是"点"与"体"的关系，知识体系不是知识点的简单汇总，而是系统性的组合创新，能够起到"1+1 > 2"的效果。只要有了体系，看问题就会更全面、更系统、更科学，洞见力也就更强。

在一次由专家与企业人员参与的座谈会上，企业人员有什么问题都可以现场请专家解答。在这些专家中，既有实战派专家，又有学院派专家，还有理论与实战兼备的专家。整个座谈会下来，虽然专家各有所长，但是从他们回答问题的底层逻辑和知识体系方面来看，确实水平不一。

我发现，那些厉害的专家都有一个共同点，就是在自己所擅长的领域里构建了一套知识体系。他们在回答问题时，不是想到哪说到哪，不是散点式的思维，而是对此有过系统性的思考，从一套知识体系出发，考虑得既全面又系统。与此相反，有的专家其实没什么知识体系，想起来一个点就说一个点，前后缺少逻辑性、系统性。

其实，无论在哪个领域，那些真正的专家或高手，他们都懂得构建自己的知识体系，而不是只懂得一些散乱的知识点。

真正的高手都自带知识体系。写作高手有自己的一套写作知识体系，演讲高手有自己的一套演讲知识体系，管理高手也有自己的一套管理知识体系，做咨询策划的高手也有自己的一套策划知识体系。通过判断一个人有没有知识体系，就能看出他是不是真正的专家。

其实，无论你做什么工作，要想成为这个领域的高手，就要构建一套属于自己的知识体系，只有这样才能帮助你真正地解决问题，找到问题的本质，提升洞见力，使你在激烈的竞争中脱颖而出，对没有知识体系的人形成降维打击。

长期积累

通过学习来提升洞见力是一种最为简单和高效的方法。但是，越简单的方法，越需要不断地去重复、练习，需要一个长期积累的过程。

不是学习了几个原理性知识，你的洞见力就能提升了；而是需要你持续不断地学习，不断深入地理解其内涵，进而达到融会贯通。学习能力和洞见力的提升需要长期实践，这与人的成长相辅相成。只有持续地学习积累，才能实现从量变到质变的突破，复利效应才会大大增强。

思考能力

"学而不思则罔，思而不学则殆。"孔子认为，只学习却不思考，人就会感到迷茫而无所适从；而只思考不学习，人就会停滞不前。其实道理很简单，但并不是每个人都能够做好。

思考是知识内化吸收的关键

学习与思考是一种辩证关系，对于一个人洞见力的形成是不可分割的，也不能偏废，二者都很重要。学习了一堆知识和道理，却没有分辨、思考和运用，没有将其内化吸收，那么就不会真正带来效果。学习能力是洞见力的基础，而思考过程是将学到的原理性知识内化的过程，是洞见力形成的重要转化过程。

我们身边不乏爱学习的人，但是在学习过程中不断思考的人却不多。而一个人洞见力的提升，思考能力至关重要。对于学到的知识，如果不经过思考和内化，时间久了，很容易被大脑清除，忘得干干净净。这也就能够解释，有些人看了很多书，却依然缺乏洞见力，其中一个重要原因就是缺乏思考内化的过程。如果不思考，就不会深入事物的底层逻辑或问题的本质层面去理解和消化，也就无法形成洞见力。

普通人容易犯的毛病是学习多，思考少，甚至很少去思考，认为看书只是一种消磨时间的手段。而真正想提升洞见力，就要多思考，甚至思考占 80% 的时间，学习占 20% 的时间。我们思考得越多，知识内化得就越多，洞见力也就越强。

既然思考对洞见力很重要，那么我们该如何思考才能有效提升洞见力呢？

越独立思考，越有洞见力

思考提升洞见力，首先要让你的思考变得独立，因为只有独立思考才能产生洞见力。德国著名的哲学家叔本华对此有着非常深刻的认识，他说："从根本上来说，只有我们独立自主地思考，才能真正拥有真理和生命。遍布世界的那些可怜的平庸的大脑，实际上都缺乏两种紧密相连的能力，那就是做出判断的能力和提出独到见解的能力。"

波兰天文学家尼古拉·哥白尼（Nicolaus Copernicus）挑战了几个世纪以来人们所认知的"地心说"的观点，冒着巨大的压力和风险，依然坚持独立思考，提出了"日心说"的观点，有力打破了长期以来居于宗教统治地位的"地心说"，实现了天文学的根本性变革。虽然"日心说"后来被证实也不对，但仍然使人类天文学有了巨大的进步。大家可以想一想，在全世界几乎所有人都认为"地心说"是对的观点的情况下，如果不保持独立思考，那么根本无法突破人们固有的认知茧房。每一次人类认知的巨大进步及真理的发现，都离不开独立思考。相反，如果大家都盲目从众，一切都遵从前人的认知，那么人类文明也就无法取得进步了。

事实上，很多人之所以缺乏洞见力，一个重要的原因就是没有做到独立思考。遇到事情或问题的时候，没有自己的主见，喜欢人云亦云，随大流。比如，创业喜欢追风口，炒股喜欢追热点，看别人干什么挣钱，自己就选择做什么，总跟在别人后面跑，没有自己的独立思考，其成功的概率也就不会太高。

我认识一个连续创业的朋友，创业热情非常高涨，但是一路创业下来，却没有一个项目能够真正做起来。他在微商热的时候做微商，后来看到众筹热就做了一个众筹项目，可还没过多久，又和别人一起投资做民宿小镇项目，折腾一番过后，一个项目都没成功，还欠了许多债。其实，投资任何一个项目或行业，都有其底层逻辑，你要思考自己的能力边界是否与项目相匹配，需要有自己的主见和独立判断，而不是一味地跟风。

在生活中，其实大部分人都无法做到独立思考，也缺乏洞见力，甚至很多看着比较聪明的人也同样如此。这是为什么呢？

要回答这个问题，首先得了解我们的大脑是如何运作和做决策的。著名经济学家、心理学家丹尼尔·卡尼曼（Daniel Kahneman）在他的著作《思考，快与慢》（*Thinking, Fast and Slow*）中，将人类的思考分成了两个系统，也就是大脑实际上是双系统驱动的。

系统 1 是快思考，大脑主要依赖直觉经验快速、无意识的做出判断，喜欢走捷径。系统 2 则相反，是慢思考，也就是我们所说的理性思考，但是比较费脑子。

生活中，大部分决策都是依赖系统 1 做出的，虽然不费脑子，但是经常犯错，容易出现认知偏误。而系统 2 是理性的慢思考，大脑在运行时非常耗费能量。有数据显示，只占人体重量 2% 的大脑，却消耗了人体一日所需能量的 20% 左右，是名副其实的高耗能的"家伙"。正因为如此，大脑才喜欢自动化、程序化地处理事情，怎么简单、快捷就怎么来，喜欢节约能量，也就是喜欢依赖系统 1 做出决策。从生物学的角度来讲，这也是通过节约能量的模式来进行的一种自我保护行为，可以说是大脑的天性。

所以在日常生活中，我们总是习惯依赖系统 1 做出决策，但结果就是导致缺乏理性和独立性，进而导致洞见力比较弱。事实上，独立思考的一个重要前提就是理性思考，也就是我们在遇到问题的时候，能够运用系统 2 去思考，虽然费脑子，但是能够使自己更有主见，也能提升自己的洞见力。

因此，只有保持独立思考、理性思考的习惯，才能透过问题或事物的表象层面，看清其真相和本质。

思考越深入，越有洞见力

前面讲到，构建洞见力的前提是做到独立思考，有了独立思考之后，下一步就是让思考更深入，也就是深度思考。思考得越深入，越能够接近事物的底层规律和问题的本质，洞见力也就越强。

思考的四个层次

在日常生活中，很少有人会深度思考，更多的是浅层思考，比如，今天需要做哪些事，早会该说些什么之类的简单思考，像这样的浅层思考并不会提升一个人的洞见力。而深度思考则需要对问题进行抽丝剥茧，像剥洋葱一样，一层一层往里剥，最后深入事物的底层和本质层面，所以洞见力自然就会更强。

说到思考的深度和层次，成甲先生在《好好思考》一书中提到的模型思维的四个层次，就是对思考深度和层次的很好的诠释。他认为，"解决任何一个问题的有效策略，都可以从经验技巧、方法流程、学科原理和哲学视角四个层次进行思考"。也就是说，思考的层次越深，理解问题就越深刻，洞见力也就越强（见图2-4）。

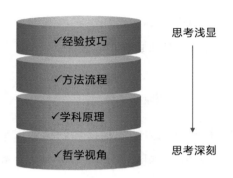

图 2-4　模型思维的四个层次

当一个人的思考在经验技巧层面时,主要依赖的是个人有限的经验总结,从事物的表面或现象入手,根据自己过往的认知和经验去思考和判断,属于比较浅显的思考层次,这个层次的思考其实依赖的就是大脑系统 1。比如,当我们去到一个陌生的城市,想找一家好饭店时,大脑可能会立刻给出一个经验判断:人越多的饭店越值得去。

而当思考在方法流程层面时,主要依赖的是来自更大样本的归纳提炼后的方法,如用于分析和思考企业战略时用到的 SWOT 分析法,用于制定目标的 SMART 原则等。

当思考进入学科原理层面时,依赖的是经过科学方法验证过的规律和原理,也就是我们前面所说的各个学科的原理性知识,如数学中的概率原理,心理学中的锚定效应,物理学中的能量守恒定律等。

而从哲学视角进行思考是人类理性思辨思考问题的方式，这个层次的思考更加抽象和深刻，如辩证思维、进化思维、人文思维及人性视角等。

这里需要提醒大家的一点是，各个层次的思考其实没有好坏之分，如果是生活小事，那么依赖经验技巧就够了；而要解决重要且复杂的事，就需要更深层次的思考。

但是，要想成为真正的洞见力高手，必须透过事物的表层不断追问深挖，用更具普遍解释力的原理来思考具体问题。我们需要把思考问题的深度深入到学科原理，甚至哲学视角层面，从人文、哲学、人性及历史等视角提升自己的洞见力。

爱默生说过："方法可能有成千上万种；而原理则不同，把握原理，你将找到自己的方法。只追求方法而忽视原理，你终将陷入困境。"

如何培养深度思考的习惯

首先，你要不断地追问为什么。查理·芒格是一个爱深度思考的人，他说："要想变聪明，你就要不断地问'为什么，为什么，为什么'，你必须将答案连接到深奥的理论架构。"爱问"为什么"是养成深度思考习惯的重要起点，如果你对什么都不感兴趣，不喜欢追问为什么，也就无法养成深度思考的习惯。

其次，在分析问题时，不要将思考停留在经验技巧层面或方法流程层面，而是要尝试再深入一层，从学科原理或哲学视角层面尝试寻找答案。举例来说，有的企业经常抱怨留不住客户，客户流失严重。那么，如何才能提升客户的忠诚度呢？

如果从一般的经验角度去思考，那么给出的答案可能是降低价格，加大营销和促销力度，抑或是提升服务质量等；如果从方法流程角度去思考，就要从客户满意度理论及客户关系理论去寻找答案；如果从学科原理角度去分析，就要从营销学的基本原理和本质去寻找答案，如品牌和营销的本质就是创造客户价值。越往深入分析越能够发现，三流企业卖产品，二流企业卖品牌，一流企业卖文化和价值观。可见，企业真正能够赢得客户长期忠诚的方法是，在为客户创造价值的过程中，营销自身的价值观和信仰。

此外，还可以借助阅读和写作来培养深度思考习惯，读书和写作的过程，往往是思考的过程。尤其在写作过程中，更需要烧脑。当你习惯了读书和写作，慢慢地也就培养出了深度思考的习惯，它们是相互促进的过程。

跳出思考看思考

什么叫跳出思考看思考呢？简单地说，就是思考你的思考，对自己思考过程的认识和理解，也可以叫元认知，即人们对自己认知过程的认知。我们大多数时候都是依赖大脑系统 1（直觉）在快速思考的，这样的思考缺乏深度和理性，也缺乏对思考本身的自我审视。元认知要求我们不断地监控思考过程，有意识地进行自我反思。可以说，跳出思考看思考，是反直觉思考。

跳出思考看思考，还是一种批判性思考。你知道自己的思考质量如何吗？是否思考得更全面、更有远见、更理性呢？当我们以提升自己的思维为目的去思考自己的思维时，其实就具有了批判性。这样的思考对于洞见力的提升非常有帮助，思考越具有批判性，洞见力就越强。印度哲学家吉杜·克里希那穆提（Jiddu Krishnamurti）认为，"关于思考，重要的是怎样思考，而不是思考什么"。换句话说，要想看清自己是怎样思考的，你就得跳出思考来看思考。

事实上，批判性思考是一种合理的、反思性的思维，形成这样的思维需要我们摆脱习以为常的惯性思考，在思考的惯性中跳出来，这样就能够产生不同的视角，洞见到别人看不到的东西。此外，锻炼我们的批判性思考能力，还需要时刻警惕和监控"自我中心主义"，也就是在思考任何问题时，要考虑自己有没有偏见、有没有意气用事、是否保持了公平性等。

跳出思考看思考，也是一种创造性的思考。你的视野和角度不同，你所看到的东西也不同，就像站在月球上看地球，和站在地球上看地球是完全不同的。解决和思考问题也一样，只有从熟悉的视角跳出来，才能打破思维惯性和壁垒，洞见力自然不同。大科学家爱因斯坦曾说过："在引起问题的框架内思考，将永远无法解决问题本身。"因此，我们要尝试跳出问题去思考，才能更好地看清问题的本质和底层规律。

实践能力

实践能力，同样也是构建洞见力的重要一环。学以致用、知行合一，才是学习的根本目的和终极目标。只有将理论与实践相结合，才能产生真正的洞见。

洞见源于实践

无论学习知识的过程还是思考问题的过程，本质上都是一种实践活动。俗话说，实践出真知，这个"真知"就包含洞见，无论你学到了什么知识和理论，如果不在实践中应用，就不会真正地将其内化成自己的"真知"。在这里，我想说，实践和应用能力是检验一个人有没有洞见力的最终标准。

下面我们来看一个洞见源于实践的案例。

在一次为专精特新企业举办的培训会上，我遇到一位理论基础与实践能力兼备的老师。他过去曾担任过某家集团分公司的总经理，后来成为某高校的大学老师，现在担任某塑料管道高科技生产企业的顾问。在这次培训课上，他讲到了自己在市场开发中的实战经历，很好地说明了洞见来源于实践。

这家塑料管道高科技企业位于河北省，主要产品销售区域也是以河北及周边二、三线城市的市场为主。前些年，为了提升企业的销售额和市场范围，一直有进军北京市场的打算。于是，公司决定每年拿出 150 万元的营销预算，投入北京市场。这个预算费用对大企业来说可能不算什么，可是对这家盈利能力不是很强的企业来说，算得上是非常大的投入了，其他二、三线城市的营销预算只有几十万元。折腾了一年多，虽然在人力和物力的投入上相比其他市场都不小，但北京市场的销售额和之前相比基本没有增长，整体算下来，营销费用打了水漂，根本没有撬动市场。

后来，公司上下集体反思并分析：相比其他二、三线城市的市场，为什么北京市场投入更多，却收效甚微？是不是因为北京市场太大，这点营销费用根本起不了作用呢？大家始终没有说出个所以然来。经过一番讨论，公司痛定思痛，决定撤出北京市场，把营销费用重点投入石家庄市场，经过一年多的努力，令人不敢相信的是，这个市场产生了 1 000 多万元的市场销售额。接下来，公司又将同样的营销预算投入张家口市场，也取得了同样的成效，年销售额达到 1 000 万元左右。

北京市场的失败，以及石家庄市场和张家口市场的成功，使该公司团队开始渐渐明白了一个底层规律（也就是在实践中获得的洞见），即对一个市场而言，营销投入与销售额产出之间并不是呈线性关系的，随着营销投入的增加，销售额不是严格按照线性关系增长，而是呈现出一个 S 曲线（见图 2-5）。

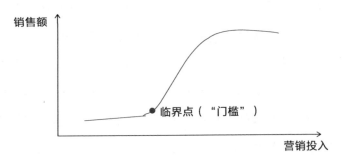

图 2-5　销售额与营销投入的关系

从图 2-5 中可以看出，通过实践验证，S 曲线揭示的是，对一个市场而言，营销投入只有过了图中的临界点，这个市场才会迎来销售额的快速增长。而北京作为一个超大城市，市场规模非常大，品牌竞争也十分激烈。因此，对一个规模不大的企业来说，150 万元的投入其实还没有过"门槛"，因此，销售额也不会大幅增加。而相对石家庄和张家口这样的二、三线城市的市场而言，150 万元的投入就能够过这个"门槛"，毕竟这两个地方的市场规模比较小，市场竞争也不太激烈，因此销售额大幅增长。

正是基于实践中得出的这个洞见，这家公司开始聚焦发展，争取每投入一个市场，就集中资源突破那个临界点，而暂时不再考虑发展北京那样的大市场。正是基于这样的洞见，这家公司最近几年进入了快速发展阶段。

其实，S 曲线这个底层规律不仅适用于市场开发，而且也适用于很多其他方面，如企业的生命周期、产品周期、公众号粉丝增长及个人成长等。尤其在个人成长方面，它告诉我们，一定要聚焦某一领域，不断积累，只有突破临界点，才能迎来快速发展。千万不要什么都做，却都浅尝辄止，那样最终只会一事无成。

其实，在商业世界中，那些有洞见力的创业者会通过商业实践来检验洞见，只有你的洞见在商业实践中取得了成功，你才能肯定自己具有真正的洞见力。古罗马哲学家小塞涅卡认为，一个人只有在实践中运用能力，才能知道自己的能力。洞见力也是如此，只有通过实践，才能检验出一个人是否真的具备洞见力。

洞见源于实践，无论哲学家、政治家、思想家、军事家，还是任何一个领域具备洞见力的人，都是通过学习实践、思考实践和应用实践来提升洞见力的。没有实践，就不会有真知，也就不会有洞见。

真正的洞见力是知行合一

看一个人是否具备真正的洞见力，可以从知行合一的角度去衡量。

一个真正具备洞见力的人，一定是知行合一的，既知道其道理，又能够将其应用于实践中。如果只是知道，而做不到，就不具备真正的洞见力。思想家朱熹曾说："知之愈明，则行之愈笃；行之愈笃，则知之愈益明。"

事实上，知行是一个整体的两方面，是辩证统一的关系。知中有行，行中有知，二者不能分离，也没有先后。与行相分离的知，不是真知，而是妄想。正所谓"知是行之始，行是知之成。知行本一事，真知即真行"。生活中，很多人都是想得多，做得少，到最后仅仅满足于想象，而不是真正地去做。有梦想的人有很多，但能够做到的却很少。在很多事情上无法做到知行合一，是一个人前进和成长道路上最大的障碍。

如果你只是懂得一堆大道理，但是却没有应用于实践，那么既不会使知识内化，也不会提升洞见力。洞见力是一种认知能力，而认知能力是在知行合一的过程中不断得到提升的。因此，只有知行合一的洞见力，才是真正的洞见力，而不是空讲一些大道理。我们需要不断地去学习、思考和实践，在循环迭代中获得真正的洞见力。

第二部分

比别人看得更深、更透

第 3 章

系统思维

什么是系统思维

系统思维是人们运用系统观点，把与研究对象相互联系的各个方面（元素）及其内在结构和功能进行系统认识的一种思维方法。

什么是系统？所谓系统，简单地说，就是由若干部分或元素相互联系、相互作用所形成的具有某些特定功能的整体。例如，一支篮球队就是一个系统，它的要素包括球队老板、球员、教练、场地及篮球等，各要素之间相互关联。根据篮球比赛规则，只有球员之间相互配合打球，才有可能赢得比赛。教练指导球员训练，并制定比赛战术。球员之间、球员与教练之间、老板与教练和球员之间都存在联系，并相互产生作用。这个篮球队系统为了一个特定目的或共同目标而作为一个整体存在和运行。

可以说，任何一个系统都由三个基本要件构成，即构成系统的元素、连接关系、功能或目标。

元素就是构成系统的各个部分。比如，一棵树就是一个有形的系统，由树根、树干、树枝及树叶等元素组成。每个系统最基础的部分就是各个元素，有时候元素发生改变，系统依然可以保持稳定。比如，篮球队的球员可以换，教练也可以换，但是这个篮球队系统却可以一直存在。

连接关系是指一个系统的内部元素之间必须存在一定的连接或联系，如此才能使系统保持特定的功能。比如，树根是大树的营养器官，在土壤中吸收营养，通过树干、树枝给树的整体输送营养，树叶能够产生光合作用等，正是它们之间的这种联系，才保证了大树系统的生长。任何系统都是通过内在连接来保持系统的整体性并实现某种功能和目标的，如果切断或改变连接关系，系统就会发生显著的变化，有时候甚至会崩塌。掌握系统思维，关键就是掌握系统的内在关系结构。

每个系统的存在都有其特定的功能或目标。例如，企业系统有企业系统的功能或目标，教育系统有教育系统的功能或目标，生态系统有生态系统的功能或目标。

系统思维是一种逻辑抽象能力，它本身也是一种底层思维。当你掌握了系统思维，就能够透过问题的表象，深入其所在系统的内在结构规律，进而找到问题的本质或根源。可以说，具备系统思维能力的人，也就具备了更强的认知事物的洞见力。

为什么要学习系统思维

系统无处不在

系统有多种分类，比如，可分为机械系统、有机系统和社会系统，也可以分为有形的系统和无形的系统。有形的系统即实体体系，其组成系统的要素是具有实体的物质。无形的系统即概念系统，它是由概念、原理、原则、制度、方法及程序等非物质实体组成的系统，也可以说是由无形的要素构成的，如各种科学技术体系、法律及法规等。宽泛点说，我们个人的成长是一个无形的系统，洞见力的构建也是一个无形的系统。

正因为我们无时无刻不处在各种各样的系统中，所以学习并掌握系统思维很有必要，它是认识动态复杂系统的有效工具，可以更好地帮助我们理解我们所处的系统世界。

VUCA 时代需要系统思维

随着人类社会的飞速发展，一个不可否认的事实是，我们所面对的这个世界正变得越来越复杂和多变，比以往任何时候都更加具有不确定性。

金融危机、灾难天气、疫情及战争等"黑天鹅"事件频频发生。如今，世界正在以我们无法预测和理解的方式发生变化。

面对这样的世界，具备系统思维能力就显得尤为重要和迫切。它就像是人类观察世界的一个透镜，用系统思维的"慧眼"，可以帮助我们洞见复杂的世界和问题的本源。

思考和解决任何问题都离不开系统思维

之所以说思考和解决任何问题都离不开系统思维，是因为没有任何问题是孤立存在的，任何问题的产生都离不开系统，如果脱离系统去思考和解决问题，就无法真正地看清问题的本质和根源。

印度历史上发生过很多次饥荒，最严重的一次要数 1876 年发生的马德拉斯大饥荒。有数据统计，从 1876 年到 1914 年的 38 年间，大约有 1 600 万印度人饿死，饥荒的严重程度简直无法想象。

对于这次大饥荒爆发的原因，很多人的第一直觉往往将其归于自然灾害导致的粮食歉收。从问题的表面来看，确实在德干高原发生的严重干旱导致了一部分农作物的歉收。然而，这只是造成这次旷日持久大饥荒的一小部分原因，毕竟不会年年出现严重干旱，饥荒也不会持续多年。要想真正找到造成这次饥荒的主要原因，还得从系统思考的角度去看问题。

令人意想不到的是，就在大饥荒期间，印度的粮食出口量却创造了纪录。明明国内发生饥荒缺粮食，为什么农民还要卖掉手里本来就不多的存粮呢？

要解答这个疑惑，就得跳出局部，从更大的系统视角去分析背后的原因，而从更大的系统视角去分析，就要将印度的殖民统治国英国考虑进来。出人意料的是，真正导致这次大饥荒的是1846年，英国取消了《谷物法》（Corn Laws）这一事件所引发的连锁反应。

为什么这么说呢？

其实，当初英国推行《谷物法》这一举措，主要是为了保护那些拥有土地的英国贵族。《谷物法》明确规定：英国人只能吃英国种植的谷物，不能从国外进口谷物，除非是国产谷物的平均价格达到或超过某种限度时方可进口。这样一来，贵族用自己的土地种植出来的粮食就有了价格保障，不会受到外国进口粮食的冲击，从而确保了自己的利益。《谷物法》也就是在这样的背景下诞生的。

虽然英国贵族的利益得到了有效的保护，但是也导致了英国国内粮食价格居高不下。一来老百姓买不起，二来粮食不够吃，毕竟国内产量有限，又不能进口。结果导致很多人饿死，老百姓的日子也是苦不堪言。情况越来越严重，最后实在没办法，英国取消了《谷物法》。

随着《谷物法》的取消，像美国、澳大利亚这样的粮食种植大国都开始向英国大量出口粮食，后来作为英国殖民地的印度也开始向英国大量出口粮食。但问题是，当时其他国家人口少，且土地资源丰富，除去出口的部分也能自给自足。但是印度就不同了，人口多，当时就达到了 5 000 万的人口规模，一旦选择大量出口，就无法保障国内人口的粮食供应。当时印度和英国之间是自由贸易，当地的殖民政府在面对饥荒的情况时，仍然在粮食贸易方面放任自流。而印度的农民更看重手里有钱，他们发现自己的粮食能够通过买卖立马变成钱，于是就大量卖粮食，甚至都没有留存。英国人有钱，想买大量的粮食，而印度农民有粮食，但缺钱。一个想要更多的钱，一个想用钱换更多的粮食。结果就是，印度农民无节制地卖粮食出口给英国，导致了长达近 40 年的严重大饥荒。

谁能想到，英国取消了《谷物法》，却导致了印度严重的大饥荒。这个案例恰恰说明，我们在生活中不能简单、孤立、片面地去看问题，而是应该从系统思维的视角入手，找到问题的根本原因，从而睿智地解决问题。

提升洞见力需要改变思维模式

不同的人有不同的思维模式，有的人是"点式思维"，分析问题时只看到事物的一个局部或一个点；而有的人是线性思维，思考问题时往往假设因与果之间是线性关系。我们不能说这样的思维模式是错误的，但是对提升一个人的洞见力来说，系统思维模式确实更重要。

　　系统思考也被誉为现代思维的革命，管理学大师彼得·圣吉（Peter Senge）称其为"第五项修炼"。面对各类复杂的系统和问题，时代需要我们转变思维模式，由过去的点式思维、线性思维向系统思维转变。只有思维模式转变，才能更好地适应这个时代。系统思维模式转变路径如图 3-1 所示。

图 3-1　系统思维模式转变路径

　　著名商业顾问刘润在《商业洞察力》一书中写道："普通人改变结果，优秀的人改变原因，顶级高手改变模型。"这里的改变模型，就是针对系统思维来说的，通过改变系统中结构模块之间的关系来改变结果，让问题迎刃而解。也就是说，首先我们得具备系统思维能力，然后才能具备改变模型的能力。

成为一个具有系统思维模式的人

　　无论适应时代发展的需要，还是去解决一个具体的问题，我们都需要成为一个具有系统思维模式的人。

生活中各领域的高手，其实都是系统思维的拥趸，他们通过系统思维来提升自己的洞见力。以投资为例，投资高手一定是通过系统思维来构建自己的投资逻辑和体系的，尤其是价值投资者，更是以价值这个底层逻辑为本，来构建一套系统化的投资体系。

事实上，系统思维既是一种深度思考，又是一种全面思考，同时还是一种动态思考，与点式思维、线性思维有很大的不同。面对无处不在的系统世界，我们要把问题放到一个系统中去思考、去解决，从而真正找到问题的关键或本质。无论经济发展领域，还是企业经营和个人成长领域，都需要系统思维。

可以说，只要思维模式转变，人生就会发生转变。每个人都应该成为一个具有系统思维模式的人。

用系统思维提升洞见力的本质

前面我们了解了什么是系统思维，而通过系统思维来提升洞见力，其关键就在于理解系统的内在结构与连接关系。

用系统思维提升洞见力的关键

面对各种或简单或复杂的系统，我们必须能够将系统进行抽象化，透过系统表象，深入系统的内在结构与连接关系层面，这样才能够简化系统，进而更容易看到问题的本质和关键所在，才能真正理解系统思维并运用系统思维提升洞见力。

将一个系统抽象后，存在哪些内在结构和连接关系呢？

理解系统结构中变量、存量、流量的关系

变量

变量很好理解，就是一个系统中那些数值可以变化的量。一家公司的收入是变量，顾客数量是变量，成本也是变量。一个系统中的任何变量都会随着时间的推移而变化，正是这些变量带来的变化，才使系统变得更复杂，也增加了其不确定性。一个系统的变量越多，所带来的复杂程度就越高，洞见其内在本质的难度也会增加。甚至随着变量的增多，复杂性会成指数级增大，而不是简单的线性关系。为什么当一家公司随着时间的推移越做越大时，其管理难度会成指数级增大？就是因为变量的数量在不断增多，比如，业务量、员工数及用户数等诸多变量带来更加复杂的关系。

正是由于变量的存在，所以任何一个系统都是一直处在动态变化中的，一旦系统不再有任何变化，也就意味着系统死掉了。因此，掌握系统思维，就需要用动态、变化的眼光看问题。而对个人成长系统来说，只有不断学习、不断改变，才能使系统保持活力，才能为实现成长的目标而不断提升自己。一旦躲在舒适区里不学习、不成长了，也就没有学习的增量了，这个成长系统就会变得僵化，无法实现任何成长目标。

存量和流量

系统中的变量在变化过程中会有存量和流量两种状态。存量是在一段时间内的积累量，而流量则是指一段时间内改变的状况。

以公司为例，各种收入是流量，属于流入量，而各种成本和费用也是流量，属于流出量。利润则是存量，是一段时间内收入减去成本费用后剩下的存量。存量和流量的关系如图 3-2 所示。

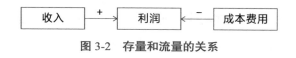

图 3-2　存量和流量的关系

在理解系统的时候，我们发现，流量的大小能够改变存量的多少，要想让一个系统的存量增加，就得让流入量大于流出量才行。一家盈利的公司，它的收入（流入量）一定大于成本费用（流出量）。

"阿米巴经营"是稻盛和夫在实践中摸索并创立的一种重要的经营企业的方法，就是把一家企业组织的大系统划分为一个个能够独立核算的小系统，每个小系统就是一个阿米巴。而每个阿米巴都要依据一个重要的经营原则，那就是"销售最大化、费用最小化"原则。他说："这是企业经营的精髓和本质，只要销售最大化，费用最小化，利润自然就能增加。"他的这一认知，其实就是对系统中流量与存量关系的深刻理解和洞察。

理解系统中的两种回路

用系统思维提升洞见力，最重要的一步是理解各元素之间的连接关系，也就是变量之间因其变化所导致的因果关系。正因为系统内存在各种连接关系，所以系统才能够发挥作用。具备系统思维的人，其厉害之处就在于能够根据系统内部的因果关系，寻找到问题的关键，进而解决系统出现的问题。变量之间的因果关系所形成的反馈闭环有两种形式：一种是增强回路，另一种是调节回路。

增强回路：增长飞轮与死亡螺旋

所谓增强回路，就是在因果关系链中，"因"能够增强"果"；反过来，"果"又能够进一步增强"因"。这样不断地循环下去，就形成了具有自我增强特点的增强回路。正是增强回路的存在，才使系统能够成长，这也是系统中最强大的一种结构。

大家在理解增强回路时需要注意，增强回路有两个方向：一个方向是正向增强回路，也就是我们常说的正反馈循环，使系统朝着不断增长的方向发展，表现为指数型增长，可以被形容为"增长飞轮"；另一个方向是负向增强回路，即负反馈循环，使系统朝着越来越糟的方向发展，呈现出指数型衰败，也就是会加速系统崩溃，可以被形容为"死亡螺旋"。

举个简单的例子。在职场中，一个人的自信心越强，工作表现就会越好；反过来，工作表现越好，自信心就越强，这就是一个正向增强回路。而一个人的自信心越弱，工作表现就越差；工作表现越差，自信心就越弱。

在商业中，尤其是平台型的互联网电商公司，最重要的就是找到自己的正向增强回路，即增长飞轮，如此才能实现指数型增长。正向增强回路图如图 3-3 所示。

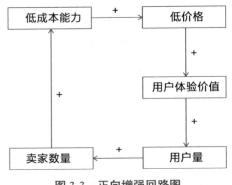

图 3-3　正向增强回路图

　　亚马逊、京东及淘宝（天猫）等互联网电商公司能快速崛起的原因，都是找到了自己的增长飞轮。互联网电商平台型公司通过互联网的低成本能力，使同样的商品能够卖得比线下便宜很多，省去了很多中间环节和成本。低成本能力产生更低的价格，从而创造更高的用户体验价值；用户体验价值高，就会吸引更多的用户量；用户量越多，就越能吸引卖家进入平台；而越多的卖家参与竞争，就会使低成本能力得到增强。如此循环下去，就产生了增长飞轮效应。

　　对于正在成长的企业，找到自己的增长飞轮非常重要。但是，要警惕负向增强回路所带来的死亡螺旋。手机行业的竞争历来十分惨烈，很多我们熟悉的公司和品牌，一旦形成负向增强回路，就会加速崩溃，进入死亡螺旋，如摩托罗拉、诺基亚、爱立信及 HTC 等品牌都难逃这一魔咒。如图 3-4 所示，雷军在

《小米创业思考》一书中讲道："手机行业与供应链高度相关。当公司高速发展时，所有供应链都愿意鼎力支持，而一旦发展势头向下，失去了行业给予的信心，就会失去供应链的支持，进入致命的死亡螺旋。"

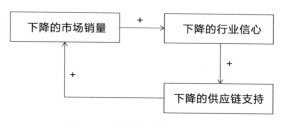

图 3-4　手机行业的死亡螺旋

一旦市场销量连续下降，就会导致行业信心下降，进而带来供应链支持下降，供应链支持下降又会导致市场销量下降。这样的负增强回路循环起来，就会加速企业崩溃。这还只是供应链层面的负增强回路。一旦市场销量下降，用户层面的负增强回路也会产生，如图 3-5 所示。

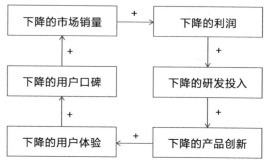

图 3-5　用户层面的死亡螺旋

从图 3-5 中可以看到，市场销量下降会带来利润下降，因为市场销量一旦下降，就意味着收入减少，同时供应链成本上升。利润下降，整体的研发投入就会下降；研发投入下降直接导致产品创新能力下降，进而导致用户体验下降；用户体验下降会导致用户口碑下降；用户口碑下降又会进一步使市场销量下降。如此循环下去，公司很快就会进入致命的死亡螺旋，很难再拉回来，只会被市场淘汰出局。

调节回路：系统的平衡器

增强回路将事物的发展带向了两个极端的方向，即越来越强和越来越弱。但是我们发现，任何一家公司，即使有了增长飞轮，也不可能永远保持高速增长，也会遇到增长瓶颈或极限。企业不会无限大规模地发展下去，大树也有一定的高度极限，人的认知提升也会遇到极限。其实，背后就是系统的调节回路在发挥作用，它的存在会使系统趋于稳定和平衡，将系统从偏离目标的状态拉回到正轨上。调节回路与增强回路的区别是，"因"增强"果"，"果"不会再增强"因"，而是减弱"因"。

企业有了增长飞轮，会迎来高速发展。但是，企业在高速发展的过程中，不可避免地会遇到各种各样的阻碍，暴露出各种问题，如管理体系、人才培养等跟不上发展速度等。这些问题就是调节回路对系统产生的作用。这也就是为什么世界上没有任何一家企业能够始终保持高速增长的原因，因为总会遇到发展瓶颈。

小米手机在起步发展的前几年，可谓一路高歌猛进。根据小米公司财报公布的数据，2011 年，小米手机刚一问世，销量就达到了 27 万台，之后的几年更是实现了爆炸式增长。在这一阶段，小米手机处于正向增强的回路系统中。然而，高速增长也会掩盖很多问题。2015 年，小米手机未能完成销售目标，销量为 6 655 万台，仅比上一年增长了 9% 左右。2016 年的销量更糟，相比上一年下滑了 16.7%。雷军很快就意识到了问题的严重性，如果不加以调整，恐怕就会进入上面所说的死亡螺旋，即负向增强的回路系统。

雷军及其团队迅速展开深刻的反思和复盘。他认识到，开始几年的高增长掩盖了问题，而一旦失速，很多问题就暴露了出来。他们将遭遇发展瓶颈的原因总结为外部和内部两个方面。外部方面的原因有两点：一是由于行业竞争变得越来越激烈，每个竞争对手都很强大；二是电商渠道遇到瓶颈，趋于饱和。在整个手机零售市场中，电商渠道只占 20%，80% 其实在线下，所以小米只依靠电商渠道的单条腿走路模式遇到了障碍。而关于更重要的内部方面的原因也有两点：一是高速增长带来的心态膨胀，导致对整体形势的误判；二是自身能力不足，管理体系跟不上发展节奏，研发创新能力不够强大，以及与用户的关系变得不那么紧密。正是这些因素，使小米的增长系统中产生了内外部的调节回路，如图 3-6 所示。

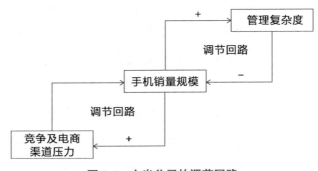

图 3-6　小米公司的调节回路

　　为了避免陷入死亡螺旋，小米公司必须采取有效措施对系统进行干预，建立调节回路。于是就有了雷军亲自接手手机部门的决定，而且制定了以"交付、创新、质量"为核心抓手的工作原则，具体包括迅速调整和组建一个更具活力的新管理班子，以提升管理能力；成立一支专门的供应链团队，以提高交付能力；加大研发投入，以增强创新能力；成立手机质量委员会，以确保产品高质量。经过两年的调整，通过建立调节回路，小米手机终于被拉回了正轨，2017 年的财报数据显示，小米手机销量突破了 9 000 万台。

调节回路中的洞见

　　调节回路的存在就像是系统的稳定器或调节器，当系统增长太快时，带来的是一种增长的抑制；而当系统下滑时，通过调节回路可以将其拉回正轨。调节回路给我们的洞见是，系统是动态平衡的，任何一个系统，只要存在增强回路，就必然伴随着调节回路，只是在不同阶段发挥的作用大小不同。

真正睿智的企业家，即使在建立增长飞轮实现高速增长时，也能够时刻关注调节回路的作用，做到自身能力建设与快速发展相匹配，实现长期可持续发展。而当企业陷入低谷或危机时，又能够建立一套自我修复机制的调节回路，增强反脆弱能力，避免陷入死亡螺旋。

系统的延迟效应

系统的延迟效应非常好理解，我们在洗澡时感受得最直接，每次洗澡时都需要把冷热水开关调节几个来回才能最终调到合适的温度，这就是系统的延迟效应在起作用。系统中变量之间的相互作用在时间维度上或多或少都有延迟，这种反馈不会立马显现，而是需要过一段时间才能起作用，这种时间上的滞后就是系统的延迟效应。

延迟效应可谓无处不在。在个人成长方面，大家都知道读书学习对于提升认知和洞见力很重要，但是真正执行起来就会发现一个问题，我们虽然花了几个月甚至一年的时间读了很多书，却看不到效果，感觉根本没提升多少。其实这就是学习系统的延迟效应，虽然你努力学习了，但不会立马收到效果，认知和洞见力也不会立马就提升，而是需要你长期坚持，也许三年，也许五年，你会不知不觉地发现提升了一大截。很多人都制定过成长目标，但往往会因为迟迟无法见到效果而放弃。其实，当你能够洞见到系统的延迟效应，也许结果就会不一样。

不同系统的延迟效应的时间长短不同。越复杂的系统，其延迟的时间往往越长。比如，当运用宏观经济政策调整经济过热或过冷时，时间延迟会比较长，可能需要几年的时间才能调整好。企业经营也是如此，无论人才培养还是研发能力的提升，都不是短期内就能够见效的，而是有一个较长的时间延迟，就像小米手机在低谷期时，花了两年的时间才调整过来，重新回到高速增长的轨道上。

农产品价格的周期性上下波动，其实也是受延迟效应的影响。比如，前两年猪肉价格的涨跌幅度很大，当价格高涨时，很多人都去养猪，但市场供应量不会立刻增加，所以价格也不会马上就降下来。一旦猪肉价格下降到低点，很多养殖场开始赔钱，就会有一部分人退出市场，导致供应量下降，市场由供大于求变成供不应求，猪肉价格又会再次上升，但有时间延迟。

洞见到系统的延迟效应，会为我们的决策提供预见性，使我们尽量减少因延迟效应所带来的影响。我身边有个朋友是做传统服装代理销售的。有一次，他带我去他们的库房看了看，他们每年都要对库房进行盘点。当我看见库房的存货时，瞬间就被震撼到了，两个 2 000 多平方米的大库房，满满当当全是货品，一年库房租金都在几十万元。一个库房全是当年的新货，另一个库房是十年来的积压库存，按市场价值都过千万元了。为什么会有这么多的积压库存呢？朋友跟我解释说，这在服装行业是十分常见的，目前的积压库存也在合理范围之内。服装零售业目前都是先生产产品，然后产品才会到批发商、零售商手里，最后到消费者手里。因此，产品从被生产出来到最终的消费者手里会有一个周期，一般在几个月左右。经常会出现消费者喜欢的产品不够卖，而有些产品却卖不动的情况，进而形成积压库存。我们看到的零售店里当季的服饰产品，其实都是批发商提前一季就订好的货品。

正是系统延迟效应的存在，才导致大量的库存被积压。其实，为了应对延迟效应，很多企业也都在想办法缩短延迟时间，由过去传统的 B2C 模式系统向更加高效、灵活的 C2B 模式系统转变。传统的模式都是先生产产品，再通过不同渠道卖给消费者；而新的模式则根据用户的需求去生产产品，也就是先有需求，再生产产品，这样就减少了供应系统的延迟时间，大大降低了库存量。比如，小米在起步时就十分重视与用户的沟通和交流，主动了解用户需求，早期采取电商直销预售模式，减少了很多中间环节和库存积压。

看懂系统的延迟效应，会使我们对自己的学习成长更有耐心，不会轻易放弃。对待延迟所带来的负面影响，也会提前做一些准备，以减少由此带来的损失。当然，我们还可以根据系统的延迟效应做逆周期性选择，就像巴菲特那样，在别人贪婪的时候恐惧，在别人恐惧的时候贪婪。股市周期性波动的延迟效应不仅考验人性，而且也考验你是否真正看懂了系统的延迟效应。

看懂连接关系比结果更重要

很多人之所以无法解决比较复杂的问题，缺乏系统思维的洞见力，就是因为无法从系统的角度看透问题的本质。因为要真正看明白问题产生的原因，找到解决问题的办法，通常不是改变要素那么简单，而是需要改变它们之间的连接关系。只有摸清楚了系统的内在连接关系，才能够找到问题的根源所在，进而找到有效的解决办法。

当面对一个复杂的系统时，如果我们能够把其抽象为变量之间的因果链，通过内在的因果关系来解决问题，就说明已经具备了系统思维。

用系统思维提升洞见力

用系统思维提升洞见力，就是透过问题或事物的表象，看清楚系统中各个要素的内在结构及结构之间的连接关系。生活中到处都是系统，如果你不具备系统思维，就看不懂系统，也就无法解决系统中的问题。

用系统思维提升洞见力主要体现在三个方面：一是系统思维会让我们进行深度思考，看问题更深入，它强调从系统的内在结构及其关系方面解决问题；二是系统思维属于动态思考，因为系统中的各种变量及其因果关系总在不断变化；三是系统思维能够提升一个人认知事物的大局观的能力，让人进行整体思考和更加全面的思考。所以，有系统思维的人，其洞见力会比一般人更强。

可见，系统思维本身就是一种底层思维，它是一种逻辑抽象能力。当你掌握了系统思维，也就是具备了一定的洞见力。

运用系统思维解决问题

运用系统思维解决问题主要体现在两个方面：一是在已有系统内解决问题；二是为要解决的问题搭建新系统。

在已有系统内解决问题

可以说，任何问题的产生都可以归属到某个系统中。因此，学习系统思维应该具备的一个重要能力，就是在问题形成的已有系统中解决问题。

为系统找到新的增长飞轮

著名的半导体公司英特尔在 20 世纪 80 年代，曾遇到过一次非常重大的危机。公司增长系统中的核心业务产品存储器，市场衰退非常严重，库存堆积如山，公司资金周转出现重大问题，亏损严重。可以说，公司系统已经进入了死亡螺旋回路中。如果还是就系统中已有的核心业务产品存储器去改进和创新，以求起死回生，几乎没有什么可能性，因为系统的负增强回路已经形成，团队几乎尝试了所有办法都无法阻止下滑的趋势。

事实上，当领导者身陷企业经营系统中时，受惯性思维的影响，即使陷入死亡螺旋回路中，也不愿放弃原有的核心业务，其解决问题的方案只会聚焦在原有的业务增长回路系统中。而解决英特尔公司这个大系统问题的关键，却不在原有的业务系统内，而是需要跳出原有的业务系统，找到新的增长飞轮。临危受命的新任 CEO 安迪·格鲁夫（Andy Grove）就是这样做的。

有一次，他与公司董事长摩尔在研究如何解决公司的困境时，突然问道："如果我们下台了，另选一位新 CEO，你认为他会采取什么行动？"摩尔犹豫了一下，答道："他会放弃存储器业务。"

格鲁夫回答："那我们为什么不自己动手这么干呢？"

格鲁夫跳出了原有的业务回路系统，果断放弃了存储器业务，建立了以微处理器为核心业务的新增长飞轮。这才得以将公司从死亡线上拉回来，步入新的正增强回路系统。

组织系统给人带来的思维惯性，往往将其解决问题的思考集中在原有的系统内。这也就是为什么大企业有时候被小企业颠覆的原因，大企业对自己赖以生存的核心业务系统会产生思维惯性，很难从中跳出来去关注边缘市场的创新。柯达、诺基亚的失败皆是如此。

需要强调的是，在已有系统内解决问题，有时候我们的思维模式不能被局限在系统内部，因为我们身在系统中往往看到的是局部，而不是整体。只有跳出系统看系统，才能更全面地看问题，看清系统整体的内在连接关系，进而抓住系统的主要矛盾点，找到关键解，破系统的局。

跳出"忙碌陷阱"

我认识两个做企业的朋友，公司人数大概都在 300 人左右，虽然不属于同一个行业，但在管理的复杂度方面不会差太多。然而，两个人的忙碌程度却有天壤之别，可谓是走向了两个极端，即忙的忙死，闲的闲死。

先说忙碌的李总，一天到晚忙个不停，每次约见，他都在不停地处理各种事情。毫不夸张地说，和他见面谈事情的时候，连续十分钟不被打断都很难，总是有各种各样的事情需要他处理，他身陷在忙碌中而无法抽身，这也影响到了他整个人的精神状态和身体健康。而王总就不同了，每次见面都喝茶聊天，一喝就两三个小时，期间几乎没有下属来汇报任何工作，给人的感觉就是悠闲得很。

我们发现，生活中总有一些人很忙碌，而且，更要命的是，深陷其中却不知道为什么在忙，总是被各种事情牵着鼻子走，导致整个人的身心健康都受到了影响。其实，这种情况就说明人们陷入了忙碌的增强回路系统（见图3-7）。

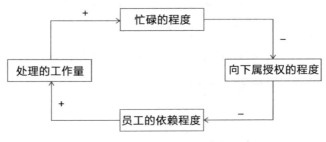

图 3-7　老板忙碌的增强回路系统

企业管理者每天处理的事情越多，就会越忙碌，其忙碌的背后说明向下属授权的程度不够，越是把所有的决策权和管理权集中在自己手里，员工对管理者的依赖程度就越高，员工的依赖程度越高，向管理者汇报的事情和问题就越多，那么管理者就不得不处理更多的事情和问题，进而陷入这个忙碌的增强回路系统中而无法脱身。当一个人的忙碌状态养成了，也就形成了思维惯性，那么跳出忙碌系统就很困难。

学习了系统思维，看清了自己的忙碌增强回路系统，我们就可以通过增强对下属的信任，下放更多决策和管理权限，来减少自己所需处理的工作量，腾出一部分时间来思考更重要的事情，同时增加一些自己的闲暇时间，用来锻炼身体及学习一些管理知识，进一步提升管理效率，让自己真正从忙碌中解脱出来。

忙碌的增强回路系统还能够解释另一个现象，那就是为什么有些人越忙越穷，越穷越忙？

当一个人的收入比较低时，往往就会将问题的焦点放在通过增加更多的工作时间来多挣钱上，以贴补家用，结果就会越来越忙。一方面，如果单位时间内挣钱的效率，也就是创造价值的能力不提升，只靠增加工作时间来提高收入，那么提升的幅度非常有限，因为人不能一天 24 小时工作。另一方面，拼命增加工作时间去挣钱，总是干那些简单的事务性的工作，虽然收入会随着时间的推移而增加一些，但并不能解决能力提升的问题。我们知道，真正导致一个人收入低的原因，不是工作时间短，而是单位时间内创造价值的能力不足。我们需要通过学习来提升单位时间内创造价值的能力。而增加的工作时间会导致没有时间学习，所以能力无法得到提升，单位时间内的收入水平也就无法提升，进而陷入越忙越穷、越穷越忙的循环陷阱（见图 3-8）。

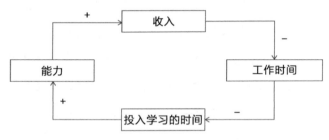

图 3-8　越忙越穷、越穷越忙的循环陷阱

当我们运用系统思维洞见到这一点后，就可以选择少增加工作时间，放弃短期的收入，增加学习的时间，从而提升单位时间创造价值的能力。虽然系统的延迟效应不会很快见效，但是，一旦这个正增强回路系统运转起来，循环下去，那么不出三五年就会看到明显的效果。其实，对于每天忙得不可开交，而收入不高的人，应该尝试改变一下，减少一部分工作的时间，将省下来的时间用于学习，建立一种通过提升能力来提高收入水平的模式系统，从而真正跳出越忙越穷、越穷越忙的生活状态。

善于抓住系统的主要矛盾

一个复杂的系统往往是由多种要素及连接关系组成的，系统内会有很多条增强回路和调节回路。但是，当系统出现问题时，往往可能由某一条回路或某个核心变量在起主导作用。如果能够通过系统思维的洞见力找到系统中起主导作用的回路及变量如何变化，你就抓住了系统的主要矛盾，也就是找到了关键解，问题就会迎刃而解。

企业在做大的过程中，系统会变得越来越复杂。如果大企业连年亏损，那么找到关键解就不那么容易，因为有很多条回路在影响着系统的变化，也许是管理问题，也许是市场问题，还有可能是组织僵化问题等。这时，如果能够运用系统思维，看清系统内在的连接关系，就能做出极具有洞见力的决策。

下面我们来看一个案例。20 世纪 80 年代，美国美铝已经发展成为一家规模庞大、人员众多的集团公司，但是这个庞大的系统出现了巨大的危机，利润下滑严重，几乎到了破产的边缘，急需一位新的 CEO 来力挽狂澜。于是公司董事会邀请了具有传奇色彩的保罗·奥尼尔（Paul O'Neal）接任这一职位。不管董事会、全体员工，还是购买公司股票的股东，甚至包括媒体，都在关注着新官上任如何烧这"三把火"。大家凭直觉想到的办法可能是大刀阔斧的改革措施，比如，对组织进行变革，激活组织活力；开发新产品，大幅降低生产成本；投资并购，等等。

然而，令人大跌眼镜的是，奥尼尔并没有采取什么大的改革措施，而是聚焦在如何减少公司生产的安全问题上，降低生产过程中的工伤发生率，做到零工伤，力争将公司打造成全世界最安全的企业。很多投资人失望至极，甚至很快就抛售了股票。然而，事实证明，奥尼尔确实洞见到了系统问题的关键。接任不到一年的时间，公司利润大幅上升，正是这一"零工伤"政策，将公司从死亡线上拉了回来，重新获得了市场竞争力。

我们不妨运用系统思维来分析一下，为什么通过"零工伤"政策来减少生产安全问题能够成为解决问题的关键呢？

事实上，奥尼尔深谙公司系统的内部运作规律，他提出的"零工伤"政策要求无论在哪家工厂，任何一名员工受伤，都需要在 24 小时内反馈到他这里，同时还必须拿出改正措施，并对其进行考核奖励，纳入关键绩效指标（KPI）考核系统。这就相当于建立了一个高效的降低工伤、提高生产安全的回路系统，同时也提高了公司内部信息从下到上反馈和流转的速度和效率，提高了部门和上下级之间的沟通效率和效果。

与此同时，降低工伤率提高了生产安全性，进而减少了停工、降低了次品率，使生产成本降低、产品质量提高，也就实现了生产效率的提升和产能的增加，公司竞争力增强了，收入和利润自然就提高了。当公司利润提升后，会更有动力和能力去降低工伤率，直至实现"零工伤"的目标（见图 3-9）。

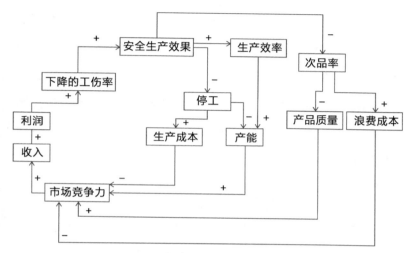

图 3-9 奥尼尔的"零工伤"政策

搭建新系统

运用系统思维解决问题的另一个重要应用是，为了解决一个问题，去搭建一个新系统。真正厉害的人能够运用系统思维去构建一个自己需要的新系统来解决问题。在各个领域里，真正的高手都是搭建系统的行家。

搭建个人成长系统

面对当下这个充满着不确定性的时代，唯有不断成长，才是最好的应对办法。就像企业组织有系统一样，个人成长也有系统，只是个人成长系统更加抽象罢了。就像企业投资经营一样，个人成长也需要不断投入时间、金钱等成本，以此来获取知识、信息和经验，这是输入的过程。然后大脑经过加工、吸收、内化，将它们变成能力或智慧，再输出去创造价值。过程虽然相似，但是就像企业经营一样，个人成长也有快有慢。因此，要想高效成长，就要构建一个个人成长的增长飞轮系统，也就是构建一条正向增强回路。

头部知识生产者的增长飞轮

最近几年，涌现出了一批高速成长起来的头部知识生产者，如大家熟悉的刘润、古典、秋叶、成甲老师。我在了解了他们的成长经历后发现，之所以他们能够取得指数级的高速成长，都是源于他们在各自领域里建立了一个高效的增强回路系统（见图3-10）。

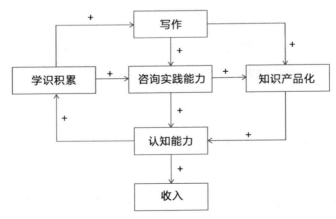

图3-10　头部知识生产者的增长飞轮

从图 3-10 中可以看到，头部知识生产者的增长回路是这样的，通过大量的读书学习积累学识，提升写作和咨询实践能力，提升将知识产品化的能力，进而形成知识体系，也就提升了认知能力，而认知能力的提升又会驱动学识的积累。这是一个认知能力不断提升的增强回路系统，而成长本身就意味着认知能力不断提升。与此同时，一个人的收入水平和能力也与认知能力相关，认知能力越强，预示着收入水平越高。

在这个增长飞轮中，需要强调以下几点。

作为知识生产者，长期进行大量的读书学习是成功的一个重要的前提条件。在成功之前，他们都在长期坚持大量的知识输入。而这一点是很多人容易忽略的，他们往往只看到了成功的表象，却没有看到成功背后的努力和持续输入。做不到持续大量的知识输入，增长飞轮自然无法持续循环下去。

写作既是知识吸收和内化的过程，也是知识生产者输出知识产品的过程中一个重要环节。写作能力越强，输出的知识产品的质量越高，输出知识产品的数量越多。只有大量的写作输出，才能将学习的大量的知识产品化、体系化。

作为知识生产者，将知识产品化是至关重要的一步，只有实现了知识产品化，才能进一步提升个人品牌影响力，为知识变现提供可能。知识产品化可以有多种形式，如出版书籍、拍摄视频或录制音频课程、发布专栏文章和课程等。事实上，知识产品化的过程也是形成知识体系的过程，知识产品化的能力越强，认知能力就越强。

　　咨询实践能力其实是大增强回路里一个重要的小回路，知识只有经过咨询实践的运用，才更容易形成理论结合实践的知识化产品。这样通过知行合一形成的知识体系，能够真正地提高人的认知能力。

　　持续学习和输入是知识生产者形成增长飞轮的必要前提。写作是知识整合、吸收和内化的过程，而知识产品化是输出，咨询是重要的驱动和实践。认知能力就是在这样的增强回路中不断提升的，也是一个知识输入—转化—输出的过程，每一个环节都很重要，缺一不可。很多人都想成为知识生产者，书也看了不少，知识也学了不少，但就是写不出来好作品。还有的人虽然能够写一些文章，但是无法将其产品化，形成有体系的内容。而且每一个环节都不能断，只要任何一个环节断了，增长飞轮就无法正常发挥作用。有的人坚持学习了两年就放弃了，或者写着写着就不写了，无法形成增长的闭环，也就无法形成增强回路。

　　除了知识生产者之外，从事其他任何领域工作的人也一样可以构建自己的增长飞轮。时间是增长飞轮的朋友，只有等到复利成长曲线过了临界点，才能实现指数级增长。因此，我们需要找到一个明确和擅长的领域，建立一条增强回路，坚持长期主义，这就是每个人成长的重要的底层逻辑。

搭建创业增长飞轮

对创业者来说，运用系统思维去搭建一个增长飞轮，既能够实现快速增长，也能够提升创业成功的概率。创业增长飞轮的增强回路是，通过极致的产品带动用户的口碑，用户的口碑好，就会吸引更多的用户，收入就越多，进而用于研发创新的投入也越多，那么创业者就越有能力去做更极致的产品。这条增强回路不断循环下去，企业就会实现快速增长（见图 3-11）。

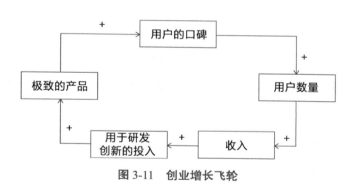

图 3-11　创业增长飞轮

事实上，小米公司就搭建了这样一条增强回路，实现了高速增长。2010 年，小米公司成立，2017 年营收突破 1 000 亿元。2018 年，小米公司上市，2019 年营收突破 2 000 亿元，并且成为用时最短的进入《财富》世界 500 强的企业。

创业增长飞轮的第一步至关重要，就是打造一款极致的产品或一项服务。极致的产品具有几个属性：一是超出用户的预期，有着超高的性价比；二是能够解决或优化用户的需求痛点；三是让用户尖叫的极致的设计、极致的成本结构。同时，对创业公司来说，在没有更多资源和能力的前提下，必须聚焦于单品，采取大单品战略，集中有限的资源和能力去做好一个产品或一件事。

小米公司创始人雷军对极致的理解是，极致就是做到自己能力的极限，做到别人做不到的高度。在实践中，他给出了两重含义：一是心智上的无限投入，不遗余力地争取做到最好；二是无限追求最优解，认知触达行业和用户需求的本质。小米除了有手机产品外，投资的生态链也创造了很多极致的爆款产品，如小米空气净化器、扫地机器人、小米大屏电视及米家台灯等产品，一经发布，就成了爆款产品，得到了用户的认可。

追求极致的产品，就是在追求用户价值最大化。因此，越是极致的产品，就越会带来用户的好口碑，用户口碑一旦形成，就会自发地传播、裂变，用户就成了最好的传播媒体，从而吸引更多的用户购买产品，形成正向增强的循环系统。

在产品供应过剩且同质化严重的市场竞争中，创业公司要想存活下来并且实现高速发展，首先要以用户需求为起点，打造一款极致的产品（或一项服务），以此切入市场，赢得用户口碑，用口碑带动用户增长，从而增加收入，再加大研发投入，创造更多、更好的极致产品，不断丰富自己的商业模式。如今有了互联网和科技的加持，这条增强回路放大了增长效果，很多创业公司因此实现了飞跃式的发展。

第 4 章

模型思维

什么是模型思维

关于思考这件事，大家有没有发现这样一个有意思的现象，即我们总是习惯性地用模式化的方式来思考我们的世界。比如，当我们遇到复杂问题时，就会用系统模型思维来思考和解决问题；当我们遇到双方博弈竞争方面的问题时，又会想起博弈论模型思维；当一个新产品上市，我们该思考如何营销时，又会借助营销学当中的 4P 理论模型，即产品（Product）、价格（Price）、推广（Promotion）和渠道（Place）；或 4C 理论模型，即消费者（Consumer）、成本（Cost）、便利（Convenience）和沟通（Communication）。事实上，人们在思考问题时，总是离不开模型化或模式化的思考方式，借助这种思维方式确实能够帮助我们更好地理解和把握陌生且复杂的世界。

因此，本章从模型思维出发，讲述如何通过这种思维来提升洞见力。

模型思维的含义

所谓模型思维，简单理解，就是在思考问题时借助模式化、模型化的思维去做决策和解决问题。其实，每个人在思考问题的时候，或多或少都会运用某个模型，只不过有的模型比较简单，有的模型比较复杂。就像罗振宇所讲的："什么是思考？所有的思考都是模型化、模式化的思考，所有的思考一定要把真实的世界模型化、模式化。"

就拿下象棋来说，高手往往掌握了更多的棋路，所以，一个顶尖的象棋大师可以同时和几个甚至十几个水平一般的棋手同时下棋，而且能够轻松获胜。这背后就源于高手掌握了更多的棋路或棋谱，每走一步棋，都在他的掌握之中。这里所谓的棋路或棋谱，其实就是一种下棋的模型思维，高手之所以厉害，就在于他们掌握的模型比你多得多。而且，这些棋路经过大量的刻意练习，已经内化在他们的大脑中了，所以他们能够灵活运用，下意识地就可以做出判断和决策。

韩国围棋大师李昌镐在《不得贪胜》一书中总结了围棋十诀，即不得贪胜、入界宜缓、攻彼顾我、弃子争先、舍小取大、逢危需弃、慎勿轻速、动须相应、彼强自保、势孤取和。其实这就是他下棋实践中总结的模型思维。

下棋有下棋的棋路，写作有写作的模板，营销有营销的理论等，这些都是一种模型化的思维方式。股神巴菲特的搭档查理·芒格认为，任何能够帮助你更好地理解现实世界的人造框架都是模型。模型思维会给你提供一种视角或思维框架，从而决定你观察事物和看待世界的视角。模型思维能帮助你提高成功的概率，并避免失败。

模型思维与洞见力

模型思维本质上是借助一种模型化、结构化的思维框架去思考和解决问题。每个模型都是在现实世界中被抽象出来的，只不过有的模型比较简单，适用范围比较小，比如，人们总结出来的一句谚语也可以是一种模型思维。而有些模型来源于更底层的规律和原理，拥有广泛的适用性，甚至可以跨学科去应用和实践。

用模型思维提升洞见力

运用模型思维本身体现的就是一种抽象的思考力。可以说，模型思维就是一种深度思考。利用模型思维解决问题，能够更快、更好地洞见到事物的本质。而利用模型思维提升洞见力的关键在于你所掌握的思维模型的数量和质量（见图 4-1 ）。

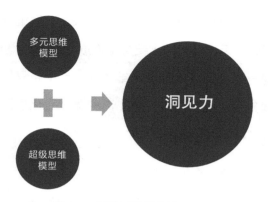

图 4-1　用模型思维构建洞见力

用多元思维模型构建洞见力

我们掌握的思维模型数量越多，思考问题的视角就会越多，洞见力就会越强。

很多人一生只从事一个领域，或只学习一个学科的知识，因此，他的思维模型的来源就只会局限在这个领域或这个学科。而我们需要面对和解决的问题是多方面的，因此，要想提升洞见力，就得具备更多的思维模型，而更多的思维模型来自多个领域或学科，也就是查理·芒格所说的，要构建多元的模型思维。他强调："你必须知道重要学科的重要理论，并经常使用它们——要全部用上，而不是只用几种。"在他看来，提升洞察事物本质的能力，不能只局限在某个领域或某个学科里。

事实上，当你陷入了某方面的能力陷阱时，也就陷入了这方面的思维模型陷阱。从事会计工作的人，在思维模式上往往也会受其影响。因此，一个人要想不断成长，不断提升洞见力，就需要构建一个多元化的模型思维体系，而不是只局限在某个领域去搭建知识体系和思维模型。而构建多元化模型思维最重要的就是通过跨学科学习来掌握。

用超级思维模型构建洞见力

除了要掌握足够多的思维模型之外，构建洞见力的另一个维度就是思维模型的质量。

思维模型的质量高不高主要看两个方面：一个是适用范围的广泛性，另一个是思维模型本身是否具有底层规律和原理级属性。可以说，一个思维模型越接近事物的底层规律和原理，也就是模型的深度越深，其质量就越高。

如果一个思维模型拥有广泛的适用性，且接近事物或学科的底层规律和原理，那么它就是超级思维模型。掌握超级思维模型的数量越多，对于提升一个人的洞见力就越有帮助。

超级思维模型的最大价值在于，它能够在多个领域帮助你解决问题。因为超级思维模型是在普遍问题背后提炼和抽象出来的底层规律和原理，更具有普遍的指导意义，其蕴含的价值远远超过学科本身。

物理学中的临界量就是一个超级思维模型。在物理学中，它是指发生核链式反应所需的核物质量。跳出物理学领域，临界量仍然有广泛的使用价值。

比如，一个人的知识积累有临界量。在没有到达临界量之前，你总会感觉进步得很慢，没什么效果。但是如果你坚持的时间更久，过了那个临界量，也就是突破了那个阈值，就会有突飞猛进的效果。一个人的成长也是如此，只有不断地学习和积累，过了临界量，也就是过了成长曲线的那个临界点，才会发生质变，自己的认知能力和创造财富的能力才会快速增长。

一家企业的产品推广也是如此。在过去没有互联网的情况下，都是先选定一个样板市场。而在推广这个样板市场时，你的产品销售得达到一定的覆盖率，也就是临界量，才会在这个样板市场上迅速扩大，实现高速增长。如果你的产品销售没有达到临界量，销售增长就会非常缓慢，即使做了大量的广告宣传，也不会马上有效果，而是需要积累到那个阈值，才能实现快速突破。互联网时代的产品推广，也同样如此。并非你做了大量的线上线下广告，产品销售就能迅速增长，消费者对于产品和品牌的认知都有一个过程，在产品本身非常好的基础上，也要有一个积累的临界量，只有过了这个临界量，才能实现快速增长。因此，无论做产品推广还是其他事情，如果你不懂临界量这个超级思维模型，不知道其背后的原理和规律，那么你往往会在坚持一段时间后因为看不到效果就放弃了。

其实，临界量在很多领域都适用，一个微信公众号的文章和"粉丝"的积累有临界量，创意有临界量，烧水热量也有临界量，等等。知道了临界量这个超级思维模型，你也就能看懂，东方甄选的主播董宇辉之所以能够直播时出口成章，一夜之间火爆全网的背后，其实离不开他常年大量读书学习的持续积累。很多人更多的是羡慕爆火后的董宇辉，却很少有人关注他爆火前的持续努力和积累。其实，他们直播间的"粉丝"增长也是从原来的几个、几十个，不断积累起来的。无论董宇辉本人还是直播间"粉丝"数量的增长，都是因为积累到过了临界量，才有了后来火箭般的蹿升。

事实上，在各个学科当中，还有很多像临界量一样的超级思维模型，如生物学中的进化论模型，物理学中的熵增模型等。

值得强调的是，超级思维模型质量很高，适用性很广，但并不意味着只要掌握一两个超级思维模型就够了，真正提升洞见力，还需要掌握更多的思维模型和超级思维模型，尝试去构建多元模型思维系统。

如何运用模型思维

一个人了解多少思维模型并不重要，关键在于你会不会用，能不能用思维模型解决实际问题。

那么，该如何正确地学习模型思维呢？在这里，我给出四个建议。

1. 学透

在学习某个思维模型时，一定要深入地去理解这个模型，不仅要弄清楚这个模型在原有学科领域的内涵和价值，更要弄明白它的适用边界和适用条件。而且你还得尝试去思考，这个模型还能够解释其他领域的哪些问题或现象。只有这样，你才能运用它去有效地解决问题。

2. 会用

我们只有在完全弄明白某个思维模型的内涵及其适用边界和条件的基础上，才能解决问题。当我们在运用某种思维模型解决问题时，往往是借助它去解决原有学科领域以外的问题，所以我们必须学会迁移使用。在迁移到其他领域使用模型时，你得问问自己，这个模型是否有效。

当一个人会迁移使用某个思维模型来解决问题时，才算真正掌握了这个思维模型。只有学以致用，将模型理论与实践相结合，在实践中去迭代认知，形成闭环，才能不断提升认知和洞见力。久而久之，就会形成运用模型解决问题的思维习惯。

在迁移使用思维模型时，那些越底层的、接近事物本质规律的超级思维模型，越具有更普遍的指导意义和更大的适用范围，因为越是底层的原理，越具有不可变性和普适性。

3. 建立联系

当我们学习新模型时，要尝试和已经学过的思维模型建立联系。想一想在新旧模型之间有没有联系，有没有交叉的点，能不能结合使用来解决某个问题。

比如，复利效应和临界量这两个思维模型就存在联系。复利效应简单地说就是，事情 A 会导致结果 B，而结果 B 又会加强 A，这样不断循环，就会形成复利效应的幂律分布曲线。在个人成长方面，复利思维模型强调的是持续学习、持续进步的重要意义。而在这条复利效应成长曲线上，会有那么一个点，一旦随着时间的推移，你积累的量过了这个点，就会明显地呈现出加快增长的趋势。

其实，我们可以将这个点理解为一个临界量，这是量变到质变的一个重要临界量。在临界量之前，往往需要一段漫长的时间去积累。当你把这两个思维模型结合起来运用，就能够更好地理解一个人的成长规律。

4. 形成体系

当你积累了足够多的思维模型时，而且能够在它们之间建立联系，就会形成一个思维模型网络，起到整体远远大于部分之和的效果。这时，也就真正地构建了属于自己的多元模型思维体系，也就具备了更强的洞见事物本质的能力。你既可以尝试用多个思维模型一起去解决一个复杂的问题，也可以用一个思维模型去解决多个领域中不同的问题。

高手都懂得运用模型思维

生活中，真正的高手往往是那些能够熟练掌握和运用模型思维的人。他们通过大量学习掌握了众多的思维模型，形成了极具洞见力的多元模型思维体系，用来解决生活和工作中遇到的问题。

投资大师查理·芒格通过跨学科、多领域的学习，构建了一套强大的多元模型思维体系，并将其应用于价值投资实践中，即使他已经 90 多岁，仍然保持着对商业投资的高超洞见力。而且他还积极倡导和推广关于模型思维提升认知能力的理念。亚马逊电商平台创始人杰夫·贝索斯（Jeff Bezos）为平台构建了"飞轮效应"，其实运用的就是系统模型思维中的增强回路系统。而特斯拉电动汽车创始人埃隆·马斯克（Elon Musk）运用"第一性原理"思维模型，成功地将火箭发射成本降到原来的几十分之一甚至百分之一，还一手创立了多家著名的高科技公司。

在国内的企业家中，海尔集团董事局主席张瑞敏是在企业管理实践中运用模型思维的典范。2019 年，在青岛的一次演讲中，张瑞敏在讲到海尔的经营管理创新时，运用了大量的模型思维。正是基于此，海尔才能在这个快速变迁的时代始终保持强大的竞争力。

在张瑞敏的演讲中，涉及的主要思维模型有黄金圈理论、创造性破坏理论、自我否定哲学思维、非线性管理、量子管理、理性不及理论、生态系统理论、无限游戏思维模型、非对称性风险、黑天鹅理论及不完全契约理论等，这些理论来自多个学科。张瑞敏甚至在演讲中还提到了老子和庄子的哲学思想理论。由此可见，海尔成功的背后离不开张瑞敏及其团队所具有的多元模型思维体系。

也正因为如此，海尔一直走在企业管理改革和创新的前沿，海尔这些年摸索出的管理经验和模式，得到了全世界的关注和认可。1998 年、2015 年和 2018 年，三次入选哈佛商学院案例库。

无论在什么领域，掌握越多的模型思维，越能够帮助我们理解和应对这个复杂的世界。因此，接下来几节的内容，我们就来介绍几种重要的超级思维模型。

第一性原理

本节介绍一个超级思维模型——第一性原理。很多人第一次听说这个思维模型，可能最早来自特斯拉创始人埃隆·马斯克，那么我们就从马斯克说起。

马斯克跨领域创新的思维模型

对一个普通的创业者来说，如果一生能够在某个领域或某个行业取得突破式创新，并成功创立一家有影响力的企业，就已经算是非常成功了。因为我们都知道，一个人的精力是有限的，很难在多个领域都取得成功，所以，战略上要聚焦，不要随便多元化。这几乎成了创业成功的一个重要法则。

然而，这一法则放在马斯克身上却是无效的。因为，作为一个创业者，他已经跨越了太多的领域，这些领域跨度之大可谓超出了人们的想象。从早期的在线支付领域，跨越到使他一举成为世界首富的电动汽车领域，再到太阳能、超级隧道、超级高铁、神经科技、人工智能，甚至包括航天和太空旅行（火星移民计划）等领域，而且他已经在多个领域取得了突破式的创新和成功。

到底是什么支撑马斯克跨越多个领域并且取得成功的呢？

他与别人的不同之处是什么？

  说到底，就是源于他的思维方式与别人不同。在他极具创新的思维方式中，有一个重要的超级思维模型在发挥着巨大的作用，那就是他所说的"第一性原理"。在接受 TED[①] 采访时，他对自己的这一思维模型的运用进行了阐述："我们运用第一性原理，而不是比较思维去思考问题，这是非常重要的。我们的生活总是倾向于比较，别人已经做过或者正在做的事情我们也去做，这样只能产生细小的迭代发展。第一性原理的思维方式是从物理学的角度看待世界，也就是一层层拨开事物表象看到里面的本质，再从本质出发一层层往上走。"

  我们发现，马斯克的"第一性原理"思维来源于物理学思维中的"还原论"。李善友教授在《第一性原理》一书中说道："对马斯克而言，只要给他一个目标，他就能实现。他用物理学的还原论作为第一性原理，在他看来，所有目标都可以被拆解为成本问题，并且以'十倍好'的方式来解决。"

  马斯克首先将这一思维模型应用于如何降低电动汽车电池成本问题上，成功之后，又将其应用于超级隧道和运载火箭项目中，最终都取得了巨大的突破。不止于此，众所周知，马斯克的终极梦想是移居火星，而且在几十年后能够有 100 万人移

---

① TED 是美国的一家非营利机构，该机构以它组织的 TED 大会著称。

民火星。支撑这一疯狂目标的背后，除了源自他内在强大的使命感和意志力之外，就是他的基于第一性原理的思维方式。表4-1 展示了他在多个领域如何运用这个原理来成功地大幅降低成本的案例。

表 4-1 马斯克的跨领域创新思维

运用领域	原始成本	拆解成本要素	重新组合后的成本
电动汽车电池成本	储能电池价格600美元/（千瓦·时） 一辆汽车至少需要 85 千瓦·时，整车电池成本超 5 万美元	按电池元素可拆解为碳、镍、铝及钢等材料。材料购买成本仅需82 美元/（千瓦·时） 关键发现：电池成本不在于原材料，而在于原材料的组合方式	采用松下 18650 钴酸电池组合方式。储能电池价格降为 100 美元/（千瓦·时），行业最低，其中原材料的成本仅为 80 美元。整车电池成本由 5 万美元降到 8 500 美元
超级隧道成本	美国地铁建设成本为 6.25亿美元/千米	隧道直径减半，挖掘面积变为原来的 1/4，机器挖掘隧道的同时加固周边墙壁，效率提升 1 倍 挖掘机功率提升 2 倍，成本再次减半 将挖掘隧道的废土制成砖块销售，创造了收益，降低了成本	建成了 1.83 千米的隧道，实际的施工成本仅为 1 000 万美元，远低于预估的 11 亿美元

（续表）

运用领域	原始成本	拆解成本要素	重新组合后的成本
运载火箭成本	运载火箭成本高昂，且只能使用一次	通过拆解火箭原材料发现，铝合金、钛、铜和碳纤维等主要材料只占火箭全部成本的2% 打破行业认知，让火箭可回收再次使用，以此降低成本	通过创新，实现了同级别火箭成本的1/5 SpaceX公司已成为全球最大的民营卫星运营商，其发射的"星链"卫星到2022年已有3 000多颗

可见，马斯克基于来源于物理学中的"还原论"思想构建了自己的第一性原理思维，实现了多领域的突破和创新。那么，到底什么是第一性原理呢？

其实，第一性原理并不是由马斯克最先提出的，亚里士多德早在2300年前就对其含义做过表述。他认为，在每个系统的探索中都存在第一原理，它是一个最基本的命题或假设，人们不能将其省略或删除，也不能违反。这个"第一原理"和我们所说的"第一性原理"是一个意思。

理解第一性原理，首先需要明白的一点是，它是某个系统的基石假设。也就是说，它是这个系统的元起点。只有有了这个大前提，才能推理出整个系统。李善友教授认为，在我们实际应用第一性原理这一思维模型时，只要是决定系统的元前提，我们都可以称之为第一性原理。而那些重要学科的重要原理，同样也可以作为第一性原理。比如，在生物学领域，最重要的一个理论是进化论。进化论的第一性原理其实是遗传变异和生存竞争两大前提假设。但是，在实际应用时，进化论本身也可以作为某个系统的第一性原理，它在文化、社会、科技乃至互联网等诸多领域的演化过程中都可以算是第一性原理。

事实上，系统有大有小，不同的系统也有不同的适应范围和边界，但是，每个系统都有自己的第一性原理。《道德经》中的"道"，其实就是老子关于道家思想的第一性原理。有了这个"道"，才会生出"一"，"一"再生"二"，"二"再生"三"，进而"三"生万物。在企业系统内，战略往往不是第一性原理，而战略背后的企业使命才是其第一性原理。在日本以"经营之圣"著称的稻盛和夫，运用独特的经营管理哲学，一手创立了两家世界 500 强企业，并且成功拯救了濒临破产的日本航空公司。稻盛和夫在经营实践中还创立了著名的"阿米巴经营"体系。那么，支撑他的经营管理哲学的第一性原理是什么呢？其实是"利他"思想。

用第一性原理培养创造性思维

通过对马斯克的案例及第一性原理概念的学习，我们发现，第一性原理思维强调的是，不要被过往的经验所限制，要回归事物的本源去思考基础性问题。

用第一性原理思维模型培养创造性思维，最为重要的一点就是学会打破原有系统的边界，推倒原来的基石假设，进而重新建立一个新的系统。我们还需要明白的是，真正需要打破的系统边界其实是人的认知边界，其实很多系统都是人为界定的，因此，不打破认知边界，就无法实现创新。就像马斯克在降低运载火箭成本的创新中，就打破了一个关于火箭运载成本方面隐含的假设，也是被集体默认的一个认知：火箭只能被一次性使用。为什么不能将火箭设计成可以重复使用呢？正是他打破了原有的认知边界，才实现了火箭被重复性使用的突破式创新。

企业创新中的第一性原理思维模型

在前述关于张瑞敏和稻盛和夫的案例中，他们都是破除原来那些经典、传统的管理模式和理论的人，如泰勒的科学管理、马克斯·韦伯的科层制、亨利·法约尔的职能管理，这些一直被认为是经典管理理论的基石。正是由于他们打破了这些理论的系统边界，才建立起了新的管理系统，即人单合一模式和阿米巴经营模式。可以说，他们都是应用第一性原理进行创新的典范。

除了管理，企业在很多方面都可以应用第一性原理来创新。比如，海底捞打破了关于服务的认知边界，构建了一套新的服务系统；乔布斯打破了功能手机的认知边界，构建了智能手机的新系统。在品牌定位理论中，有一种重要的创新方法，就是开创一个新品类，如在瓶装水行业，最早大家卖的都是纯净水，后来农夫山泉开创了一个新品类，即卖天然饮用水；五谷道场在国内的方便面市场中，率先推出了非油炸方便面新品类，当时的销售额甚至一度超过了康师傅。

个人成长中的第一性原理思维模型

一个人成长的本质是认知的成长。本书所构建的洞见力体系，其实就是帮助一个人不断提升自己的认知能力，不断扩大自己的认知边界。成长就是不断突破自我的过程，创新思维的建立就是不断突破自己的认知边界的过程。因此，无论工作中还是生活中，都不能被自己的认知所限制和固化。哲学家卡尔·波普尔说过这样一句话："任何时候，我们都是被关进自己认知框架的囚徒。"学习第一性原理思维模型，就是帮助我们破旧创新，突破自我，更好地掌握自己的人生。

最后，我想用马斯克的一段话作为本节的结尾："我认为普通人的思维方式被传统和过去的经验束缚得太多了。人们几乎从来不在第一性原理的基础上思考问题。他们会说，"我们会这么做，因为我们过去都是这么做的"，或者"没人这么做，所以这么做肯定不对"。但是，这么想真是太荒谬了。如果你也想拥有创新思维，不妨尝试从第一性原理开始思考问题。

升维思考

思考的维度

在了解什么是升维思考模型之前，我们先来了解一下维度的概念。从广义上来说，维度是事物"有联系"的抽象概念的数量，而在数学中表示独立参数的数目，在物理学领域是指独立的时空坐标的数目。

通常我们所说的零维，是指一个没有长度和宽度的点；而一维是一条线；二维是由长和宽组成的一个平面；三维就是在二维的基础上增加一个高度，组成体积；四维往往是在三维的基础上再加上时间这个维度，构成四维时空的概念。

事实上，维度的概念是我们人类自己创造出来的，它可以用来帮助我们更好地认知事物和分析世界。因为从本质层面来说，宇宙没有所谓的时间和空间的维度之分。

可以说，正是人类掌握了维度的概念，才能不断更好地理解和应对这个复杂多变的世界。

思考维度越多，洞见力越强

生活中，很多人都习惯于从一个点（零维）或者一个维度去思考问题，这样就会导致看问题比较单一，而一旦形成习惯，就会使人看问题缺乏深度和洞见。

比如，关于一个人在一生中能否取得成功的维度中，习惯只从一个维度思考的人，就会只看到由一个维度构成的一条线，只具备线性思维。在构成人生成功的维度中，能力就是一个重要维度，如果只从这一个维度去思考成功，就会认为能力是唯一且重要的要素，能力越强，就会越成功（见图4-2）。

图 4-2　从一维视角看待成功

然而，我们知道，事实并非如此。能力对于成功固然很重要，但并不是只要具备能力，就一定能成功。那么，为了更好地理解成功，我们不妨再增加一个维度——热情（见图4-3）。

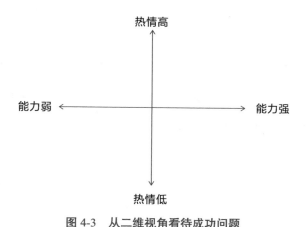

图 4-3　从二维视角看待成功问题

虽然一个人在某个领域里有能力，天赋异禀，但是如果对此领域没有足够多的热情，也不够努力，那么他就无法长期坚持下去，最终也很难取得成功。真正对一件事有热情的人，无论积极性、努力程度、专注力、毅力还是自驱力都会非常强。可以说，热情是一种强大的内在自驱力。因此，热情对一个人的成功也很重要。"积极心理学之父"马丁·塞利格曼认为，一个人的成功取决于两大要素：要么你有足够多的热情，要么你有满腔的志气。稻盛和夫也说过："热情是成功的源泉。"

可见，当我们从二维视角看待一个人的成功时发现，单有能力或单有热情都不够，无法保证最终能够成功。只有当你既有能力又有热情时，成功的概率才会更高。

为了更加深入地理解成功，我们可不可以再增加或升级一个维度呢？

日本经营之圣稻盛和夫就是这样做的，他将一个人的思维方式作为一个重要的维度加了进来，组成了一个三维的成功方程式，即人生（工作）的结果＝思维方式 × 热情 × 能力（见图 4-4）。

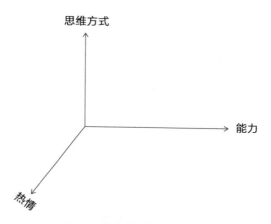

图 4-4 从三维视角看待成功

他认为，思维方式是一个人对待工作的心态、精神状态和价值偏好等因素，反映了一个人的人生观、价值观和世界观。如果一个人的思维方式不对，如价值观不对，或心态不对，被负面情绪所包围，就会产生负面的结果，走向成功的反面。因此他指出，能力和热情的分值为 0~100，而思维方式的分值为 –100~100，它们三个的乘积就是你的人生结果值。如果你的思维方式是负值，那么你的人生结果也会是负值。可见，稻盛和夫对思维方式这个维度的重视。他对这三个因素进行排序时，也是将思维方式排在第一位，其次是热情，再次是能力。

当我们用三维视角看待成功时，就会更加全面和立体，也更加有深度。三维视角可以更好地指导我们如何获得人生更好的结果。

升维思考模型

不难发现，稻盛和夫关于成功的三维思考模型，与那些二维和一维的思考模型相比，更具有洞见性，也更能使人认识到问题的本质。

通过上面的案例，我们就能够理解什么是升维思考了。它可以被理解为，在我们思考和解决问题时，在原来维度的基础上，增加一个思考维度，也可以说是升级一个思考维度，从而提升我们的思考深度和认知事物本质的能力。这也是查理·芒格强调要建立多元模型思维的意义所在。

可以说，升维思考对每个人都很重要，尤其是当我们处于低维，遇到问题无法理解或解决时，升级一个维度，问题就可能迎刃而解。

商业中五维思考模型

能不能把思考维度的概念运用到商业中呢？在这里，介绍一个刘润在其所著的《底层逻辑2》中讲到的重要思维模型——五维思考模型。它是指零维（战术维）、一维（战略维）、二维（模式维）、三维（创新维）、四维（时间维）、五维（概率维）。虽然这个模型叫五维思考模型，但其实包含了六个视角，下面逐一介绍（见图4-5）。

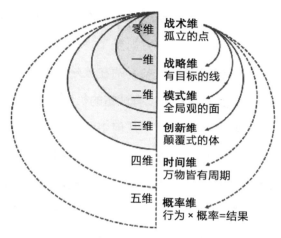

图 4-5 商业中五维思考模型

首先来看零维，也就是战术维。它是一个孤立的点，既没有长度，也没有宽度，在商业上就相当于一个战术的点，能够解决单点、具体的问题。战术的点是否重要？当然很重要，只有做好每一个战术的点，才能连成一条战略的线。在企业经营中，有时候将一个战术的点做到极致，就会使其成为一个优势点和差异点，能够帮助企业在竞争中取胜。在商业中，有了战术的优势点还不够，如果死守在这个点上，很容易被竞争对手超越，你还得将点连成线才行，沿着这条线往前走其实就相当于有了战略。

升级一个维度后，就是一维的战略维。一维是一条线，有了线，就有了所谓的方向，沿着这个方向走，去抵达远方的目标。在商业中，首先，你需要思考的是你的战略的线能否抵达目标，方向有没有弄反，一旦方向反了，你就永远无法抵达目标。其次，战略的线可能有多条，站在战略思维层中，你需要做好取舍，因为真实的商业中没有试错的机会。

接下来是二维的模式维，在几何中就是一个由长和宽构成的面的概念。在生活中，这就好比是平面地图，你能够站在一个俯视全局的视角看清所有的道路，一眼就能够看出最快抵达目标的路径。在商业中，它相当于一家企业的商业模式，就像刘润所说的，商业模式就是把所有的一维战略都展示给你看的二维地图。抵达目标的战略的线可能有多条，但好的商业模式一定是能够让人们以最优的路径去实现目标。模式维预示着人们站在一个系统、全局的视角看问题，因此，更具有洞见性。

三维是指创新维。它在原来"面"的基础上又有了高度维，成了一个"体"的概念。我们总是习惯用二维视角去思考问题，跳不出二维平面的边界和系统。而创新就是打破原来的系统，将我们从二维带入三维的空间和视野，就像立交桥一样，使交通由过去的平面进入三维立体世界。在商业世界中，通过突破式创新能够颠覆传统的商业模式。随着互联网、智能手机及物流等技术的创新，打通了线下与线上多维空间，颠覆了传统的线下商业模式。而现在随着人工智能、区块链及虚拟现实等技术的创新，出现了 ChatGPT（AI 聊天机器人）、元宇宙等新物种，它们更会颠覆以往的商业模式。事实上，创新不是对原有商业模式系统内部的优化，而是对原有系统边界的打破，跳出事物本身，重构一个新系统。

四维是指时间维。在三维的基础上再加上一个更加抽象的时间维度，沿着这个时间轴去思考事物的前世、今生和未来，更能增强思考的洞见力。当有了时间维，再去研究和学习伟大企业的成功之处时，就不会只停留在当前的战略、商业模式和创新能力等方面去研究，还要去研究它的过去，它是如何一步一步发展到现在的，以及未来又将如何发展。就像刘润所说的，"原因通常不在结果附近"。有了时间维的思考，我们就具备了用发展的眼光看待事物的能力，用更高维的历史观、周期观去看待事物的发展规律，这样才更能抓住事物的本质。

五维思考模型的第五维是概率维。概率维是一个既抽象又很重要的思考维度。看到一个人成功了，或一家企业成功了，你不能认为他们是因为做对了某些事情所以必然取得成功。因为任何成功的背后都有一定的"运气"成分，这个"运气"成分其实就是概率，只不过是概率大小的问题。而我们需要做的就是坚持做大概率成功的事情，正所谓谋事在人，成事在天。在这个充满不确定性的世界里，用前面的几个维度坚持去做正确的事情，剩下的交给概率维就行了。

以上就是商业中的五维思考模型，越是站在更高的维度，对商业世界本质的理解就越深刻，尤其是在创业的时候，只有不断升维去思考，成功的概率才会高。

升维和降维思考模型的运用

战略思考要升维，战术执行要降维

人们在创业和个人成长方面，都会遇到战略和战术问题，这时，就需要灵活运用升维和降维思考模型，即进行战略思考时要升维，执行战术时要降维。

重大战略关乎企业发展的方向性问题，如果方向错了，那么再好的战术都无法弥补。因此，要升维思考，只有站得够高、看得够远、想得够深，才能从全局把控战略方向。

而有了战略后，在战术执行层面，又要学会降维。战术讲究的是精准、可执行，甚至要落到"点"上，也就是降到零维。执行的时候，将战略的"线"分解为一个个战术的"点"，再去一个个实现战术的"点"，最终又连成战略的"线"，也就达成了企业的战略目标。

所以说，战略思考是不断升维的过程，而战术执行是不断降维的过程。

在低维想不明白时，不妨升维思考

在生活中，很多时候，我们在低维理解不了或想不明白的问题，升维之后就会豁然开朗，不再那么纠结。有时候我们所说的格局大，其实就是思考的维度比较高。当我们还在为当下某件小事抱怨或焦虑时，不妨加上一个时间维度去思考，两年后、五年后你还会觉得这件事重要吗？值得为此生气、抱怨或焦虑吗？

在关于孩子教育和学习方面，很多家长都非常焦虑，生怕输在起跑线上。在幼儿园阶段就给孩子报各种兴趣班，在小学阶段不断给孩子增加额外的负担，给孩子造成了很大的压力。其实，这种思维就局限在零维的战术点思维或一维的线性思维中。孩子的学习和成长本身是多维的，更是一辈子的事情，需要不断学习来适应这个快速变化的世界。如果小时候学习压力就很大，那么对于孩子的创新思维其实是一种抑制，而没有创新思维，一样无法适应时代的发展。因此，父母需要升维思考，跳出单一的线性思维，用系统思维看待孩子的成长，同时还要加上时间这个维度，用更长远的眼光看待孩子的成长，让孩子建立起创新思维和终身成长型思维。

当你的思维处在低维时，就很难理解高维的事情，但是站在高维理解低维就很容易。

2021 年，俞敏洪的新东方主营业务遇到了巨大的困难。当时，不仅面临学员退课退款问题、员工工资补偿问题，而且还要面临刚刚装修好还没有使用的 1 000 多个教学点的退租问题。作为一家民营企业，在危难时刻，尽最大努力降低损失是合情合理的，而新东方却将崭新的价值几千万元的 8 万套课桌椅捐给了农村地区和山区的中小学，甚至连运输费都是自己承担的。这样的决策和大格局背后，其实是俞敏洪作为一个企业家更高维的思考，而不是利益至上的商人思维。也正是基于他的价值观、大格局和高维的思考能力，新东方在转型后的直播领域里又闯出了一番新天地。

有时候，当我们不太理解那些厉害的人是如何做出那些大格局事情时，需要反思一下，是不是自己的思考维度太低了。

培养升维思考能力，要学会运用升维思考模型，不断尝试从低维到高维去升维思考，这样洞见力会得到不断提升。

升维你的体系，否则就会被降维打击

个人学习和成长有体系，企业运营有体系，经济发展有体系，只有你的维度比别人的维度更高，才会有强大的竞争优势。相反，当你的维度比别人低时，就会遭到降维打击。

比如，在学习和成长中，如果你的认知和思考只停留在一维的线性维，就会认为成功与努力的程度呈线性增长。但是更

多时候，它们二者不一定呈线性增长，虽然努力很重要，但努力不一定能够带来成功。而升维思考后，你会发现，决定成功的不只是努力而已，思维方式和认知能力的提升有时候更重要。尤其是创新思维，一旦你进入了创新维，对别人就是降维打击，可能别人在低维比你多付出了十倍的努力，都不如你取得的成就大。所以，真正会学习的高手，都不是靠时间堆积出来的，也不是靠记住了足够多的知识点，而是靠更高维的学习方法和思维。

在军事和战争领域，升维体系也同样重要。在冷兵器时代，成吉思汗率领的蒙古铁骑大军之所以能够所向披靡，就是因为蒙古军队具有当时任何军队都难以比拟的速度和机动能力。可以说，这是冷兵器时代高机动先进兵种所形成的降维打击能力。

然而，到了热兵器时代，在火枪和大炮面前，再厉害的骑兵也会被降维打击。

而在现代战争中，一个强大的军事体系必须能够建立"陆、海、空、天"四维一体的作战体系。现代战争打的是体系，谁的体系更高维，谁就会形成降维打击的能力。

创新维时代

无论在经济领域还是军事领域，落后就要挨打，而避免挨打就要升维自己的体系。在当今世界，最为重要的一个维度就是创新维，小到个人成长、中到企业经营、大到国家竞争，能不能具备强大的创新能力是关键所在。因此，只有将自己的体系升级到创新维，才会有强大的竞争力，否则容易被降维打击。

人类经历了采集狩猎文明时代、农业畜牧文明时代、科技文明时代，创新在每个文明时代都很重要。如今，创新几乎成了竞争力的代名词。可以说，这是一个创新维时代。

科技发展和进步的过程，就是创新的过程，人类的创新也是熵减的过程。教育、科技、经济及文化等任何一个体系的发展，都需要也必将升级到创新维，这既是事物演化与发展的本质规律，也是这个科技文明时代的根本需要。

无限游戏

谈到无限游戏，不得不从哲学家詹姆斯·卡斯（James Carse）所著的《有限与无限的游戏》（*Finite and Infinite Games*）说起。他把人类所有的活动都看成一次次的游戏，认为世界上至少有两种游戏：一种是有限游戏，另一种是无限游戏。

什么是有限游戏呢？生活中，我们大多数活动都是有限游戏，如获得职务和头衔，比赛获胜，攫取权力，打商业价格战、贸易战等。有限游戏有一个重要特征，就是以取胜为目的。它是参与者不断在规则和边界内玩的游戏，参与者在游戏中的一举一动都是为了赢得游戏的胜利，有限游戏只有一种结局，那就是输和赢。

而无限游戏并不是以取胜为目的，而是以延续游戏为目的。在延续游戏的过程中会产生很多变化，没有那么多的边界限制，只会主动地延续着游戏的发展。比如，一个国家或地区的文化演进就是一个无限游戏，它不是为了取胜，而是为了不断演变和发展。再比如，对知识的无限探索、对艺术之美的追求等都是无限游戏，除非到了生命终结，否则只会不断地追求、探索和延续下去，是永无止境的过程。

其实，我们发现，有限游戏和无限游戏最大的一个区别是有无边界。任何游戏或系统，一旦有了人为划定的边界，就会形成一种对其自身发展的限制，画地为牢。

詹姆斯·卡斯强调："有限的游戏在边界内玩，而无限游戏玩的就是边界。"因此，无限游戏相比有限游戏来说是一种升维思考，使人们能够站在更高的维度看待事物。同时，它也在启发大家多进行无边界化思考，要以事物无限延续下去为终极目的。

无限游戏思维对人类洞见力的提升有重要作用。只有更多的人和组织选择无限游戏，而不是零和游戏，才能实现共赢的目的。因此，迫切需要更多的人和组织转变思维，从有限游戏思维转向无限游戏思维。

事实上，这一思维模型在个人成长领域和商业领域同样具有指导意义。

无限游戏思维之于个人成长

人的成长本质上是无限游戏

大家可以思考一下，人的成长有没有尽头，有没有边界？当一个人开始说自己不需要学习了，或者觉得自己已经足够好了，那么就意味着这个人其实是进入了一种有限的游戏中。而一旦进入有限游戏中，我们的成长就会停滞。

很多人在努力奋斗的过程中，他们的目标就是挣更多的钱、住更大的房子、开更好的车，其实这是低维的有限游戏思维。一个人的成长只是自己的事情，我们需要运用无限游戏思维去不断地提升自己。

《大学》中讲"格物致知"，王阳明讲"知行合一"，其实这都是一个人认知成长的过程，也都是无限游戏。无限游戏其实要求我们必须具有成长型思维，而不是固定型思维。成长的过程就是不断扩大和打破自我认知边界的过程，老子、孔子及王阳明等古圣先贤一生都没有停止对真知的孜孜探求，他们的一生都沉浸在无限游戏中。

在任何领域，如果你想获得独一无二的洞见，《文明、现代化、价值投资与中国》的作者李录认为只有一个途径，就是"怀着无穷的好奇心、强烈的求知欲，去不断地学习、终身学习。你学习到的一切知识都是有用的"。其实，这就是无限游戏思维。

人这一辈子一定要选择玩无限游戏

无论正在创业的人还是在职场中奋斗的人，都可以用无限游戏思维去提升自己。

对创业者来说，一定要选择玩无限游戏，不应该简单地以挣到多少钱、占领多少市场份额为目标，而应该思考能为社会创造出什么价值、带来哪些改变。

职场发展也一样，要选择玩无限游戏。在任何一家公司工作，你既要思考自己为公司创造了什么价值，又要思考自己在这家公司有没有得到成长。

当你决定学习一项技能时，也同样需要无限游戏思维。学习新技能并不是为了战胜谁、超过谁，只是为了自己不断成长，扩大自己的能力边界。

当你选择用无限游戏思维去做事时，更容易获得成长的复利效应。多选择这样的事情去做，你会发现，随着年龄的增长，你自身的价值会越来越大，不会轻易地被社会的发展和科技的进步所淘汰。随着人工智能的发展，技能更新的速度越来越快，只有那些符合无限游戏思维的技能，才能让我们持续成长和进步。

敢于重新定义自己

无限游戏思维之于个人成长的另一个启发是，人生成长没有定式，要敢于重新定义自己，敢于打破身份和角色边界。尤其在当下，我们不能总想着靠一项技能吃一辈子饭，而是要敢于打破自己的能力边界。无限游戏思维告诉我们，还可以做得更多。

成长本身是无限游戏，因此，只要围绕成长这个核心，就可以有更多的维度。人们完全可以不局限于某一个领域、某一份工作、某一项技能。只要有益于自己身心和能力的成长的，就都是有必要的。最怕的就是，明明自己很想挣脱，却从不敢在生活和工作的陷阱中跳出来，太怕失去现在所拥有的，也就无法拥有未来无限可能的人生。

重要的不是身份，而是内核

追求身份标签是运用有限游戏思维，而追求成长的本质是运用无限游戏思维。

2023 年，罗振宇在《时间的朋友》跨年演讲中讲到了两个关于"改行"的故事："建筑师与婚礼"和"天文学家与玫瑰"，体现的都是敢于打破身份标签、重新定义自己、追求成长内核的无限游戏思维。

一个是科班出身的建筑师，在万科集团做了 4 年的项目管理工作，然后改行进入一家月薪只有 3 000 多元的婚庆公司做婚礼策划。另一个是南京大学天文学专业的博士改行去搞装修。在普通人眼中，他们改行之前的职业和身份是多少人梦寐以求的，而选择去做婚礼策划和装修，很多人都无法理解，认为这是在瞎折腾！

然而，当你看到他们用一种发自内心的热爱，以及将原来的专业技能跨界用在婚礼策划和装修上，创造出的每一个婚礼场景和装修设计几乎都是一件艺术品时，你就不会觉得那是瞎折腾了。

他们所做的选择没有被原来的职业标签所捆绑，正如罗振宇所说："就是有这么一类人，他们不被身份标签限制，边走边打包无数技能和个人特质，可以灵活变换工种，同时不会浪费任何一段经历。"

当一个人用兴趣和热爱来驱动成长的内核，不被所谓的身份和标签所限制，敢于不断地刷新自己、重新定义自己，这就是一种无限游戏思维的成长。

在成长的道路上，只有具备无限游戏思维，人生才有无限可能。

无限游戏思维之于商业

具备无限游戏思维的企业家，思考的不是如何打败竞争对手，而是不断打破自己企业的成长边界，构建共存共赢的生态组织，不断为社会创造价值。这是他们创业的起点和使命。

在商业经营中，有限游戏思维无法使企业走得更远，只有具备无限游戏思维，才能基业长青。

最好的竞争不是你死我活，而是共存共赢

真正有利于整个行业利益长远发展的，是以共存共赢为目的的无限游戏思维。

无限游戏思维并不是不鼓励竞争，而是需要公平竞争、良性竞争，共同遵守行业和组织的规则和道德底线，甚至在竞争对手之间形成部分协同发展，并鼓励行业内的企业不断创新，促进行业生态化系统的形成，使行业边界不断扩大。

打造生态化企业

在企业经营系统的构建中，用无限游戏思维去打造生态化、无边界化企业在如今这个时代越来越有必要。一个良好的生态系统能够自组织、自进化、自我调控和管理、可持续发展，而且其边界并不是完全固定或僵化的。

唯有用无限游戏思维去打造生态化企业，才能更好地应对

这个充满不确定性的复杂的世界。比如，海尔一直在用无限游戏思维打造自己的生态化企业系统。

我们先看一组数据。截至目前，在世界经济论坛和麦肯锡共同评选出的"灯塔工厂"中，仅海尔一家企业就拥有 6 家标杆性的"灯塔工厂"，全国仅有 50 家而已，全球也仅有 132 家。海尔之所以拥有这么多的"灯塔工厂"，并且没有形成大企业病，就是得益于海尔的生态化、无边界系统的打造。

在海尔的生态体验中心，有一行醒目的大字：人的价值最大化。这个价值最大化，既是员工实现自我价值的最大化，又是员工为用户创造价值的最大化，二者合一就是海尔著名的"人单合一"模式。"人"就是员工，"单"就是用户价值。张瑞敏说，这个模式的核心就在于使人的价值最大化，给人以尊严。从这个角度来看，海尔不是追求股东利益最大化，也不是市场份额最大化，而是以延续游戏为目的，追求的是员工与用户的价值最大化，而且这件事永远没有尽头，能够一直进行下去，这体现的就是一种无限游戏思维。

早在 2012 年，海尔就开始搭建"创客—小微—平台"的运营生态系统，也就是员工创客化平台，后来演化为"生态链小微群"组织体系。这种生态化创客平台为那些有想法、有创意但自身没什么资源的草根员工们搭建了一个实现个人价值最大化的舞台，孵化出了像海尔生物、雷神科技等一系列新公司和新物种。我们很难简单地界定海尔的业务边界在哪里，因为它能够不断自我演化出新业务。

海尔的生态化组织系统，还在不断地发展和进化。正如张瑞敏所说："没有成功的企业，只有时代的企业。"真正优秀的企业，能够不断适应时代的发展，而这样的企业，需要用无限游戏思维去构建生态化系统。

无限游戏思维是熵减的过程

熵增定律告诉我们，生命以负熵为生，万物以负熵为美。对任何一个系统而言，无限游戏思维都能够起到熵减的作用。无论个人、企业还是国家，只有大家都具备无限游戏思维，才能共存共赢。

无限游戏思维更符合老子所说的"道"的理念，正所谓"顺天道者虽小必大，逆天道者虽成必败"。个人成长如此，企业经营如此，经济发展也是如此，文明的延续亦是如此。

第三部分

比别人看得更准

第 5 章

战略思维

什么是战略思维

谈到战略，大家并不陌生，小到一个组织，大到国家治理，都需要战略。不过，如果更进一步，将战略变成战略思维，结果就会变得大不一样了。

战略的价值

古往今来，有很多关于战略的书籍，最早的可以追溯到我国最为著名的军事著作《孙子兵法》，西方有克劳塞维茨的经典著作《战争论》，它们都是关于战争和军事战略的。

近几百年来，战略的应用范围更加广泛，除了战争和军事领域外，几乎在其他所有领域都离不开战略。大到一个国家，中到一个区域或城市的发展，小到一家企业、一个组织，都离不开战略。没有战略，就没有未来的可持续发展。

无论国家、企业还是个人，越是在发展的关键阶段，需要做出重大决策时，战略的价值和重要性就越发凸显。

越是在充满不确定性的时代，越需要战略思维的洞见力。任正非说过："不确定性的时代要有确定性的抓手。"这个确定性的抓手就是战略远见能力。最近几年，国内外经济环境下行压力大，很多企业面临转型的问题，也有的企业面临活下来的问题。而在个人方面，很多人需要面对失业或转行等重大的二次选择的问题。而只有具备战略思维和能力，才能在复杂多变的时代做到以不变应万变。

虽然战略很重要，但很多人对于战略的理解却存在误区。有些人张嘴闭嘴、大事小情都离不开战略，但其实可能并没有真正理解战略的本质和内涵。能够将战略思维和能力真正运用在企业或实践中的人，其实并不多。

对战略理解的误区

1. 把目标当战略

把目标当成战略，是很多企业最容易犯的一个错误。比如，明年企业营收增长 30%，未来五年实现营收翻倍。其实，这只是目标而已，并不是战略。真正的战略需要分析企业未来发展的关键性障碍是什么、核心问题是什么，评估自身的资源能力，制定一套有针对性的解决方案来实现增长目标。战略到落脚点是"解决问题"，而不是"制定目标"。

2. 错误评估战略的作用

第一，过高评估战略的作用。在企业的经营过程中，认为战略是"万能钥匙"，能够点石成金，把战略当成了"灵丹妙药"。虽然战略确实很重要，但前提是能够正确理解战略。真正的战略思维需要通过制定战略来解决关键问题。

第二，过低评估战略的作用，认为战略根本没用，谈战略就是"务虚"。企业在经营发展中，如果缺乏战略思维，就容易投机取巧、跟风追热点，而没有战略定力，时间久了就容易跑偏。

事实上，无论过高评估还是过低评估战略的作用，原因都是对战略本质理解得不到位，只有正确理解战略的内涵，才能制定出真正好的战略。

到底什么才是战略

关于战略的定义有很多。比如，管理大师彼得·德鲁克认为，战略是"有目的的行动"；"竞争战略之父"迈克尔·波特（Michael Porter）认为，战略就是创造一种独特、有利的定位，可以涉及各种运营活动；战略学家理查德·鲁梅尔特（Richard Rumelt）在《好战略，坏战略》（*How Leaders Become Strategists*）一书中讲到，战略的真正含义是为了应对重大挑战而做出的连贯性反应；在国内从事战略咨询实践近 30 年的智纲智库的创始人王志纲给战略下的定义是，所谓战略，就是我们在面临关键阶段需要做出重大选择时，如何"做正确的事"及"正确地做事"。战略的核心是通过分析当前形势、制定指导方针来应对重大困难，并采取一系列连贯性的活动。

制定战略是一个系统工程，要想制定出好的战略，你得做好充分的调查分析，对事物发展有深刻的认知，然后准确评估自身的优劣势，看清机遇与风险，进而制定解决关键问题的整体策略方针，调动人力、物力及财力等资源开展一系列连贯性的协同活动，落实既定的指导方针。可以说，每一步工作都很重要，环环相扣，缺一不可。

那么，什么是战略思维呢？战略思维就是战略制定者对关系事物全局的、长远的、根本性的重大问题的谋划（分析、评估、判断、预见和决策）过程。

战略思维本身就是一种洞见力

好战略需要洞见力

真正能够在关键时刻制定出好战略的人，一定对其所在的领域有着深刻的洞见。

比如，三国时期最著名的军事战略家诸葛亮，他最重要的一个战略预见就是三分天下。在一些文章中，很多人都认为诸葛亮之所以能够不出茅庐而知三分天下，主要原因有两点：一是诸葛亮有很多名仕政客朋友，他们对外界的政治动向比较了解，能够为诸葛亮提供信息；二是源于诸葛亮强大的亲属关系网，想要知道外面的政要消息是很轻松的事。

其实，这两点都不是本质层面的原因，亲戚和朋友确实能够提供当时的局势信息，但真正能让诸葛亮做出"三分天下"战略预见的，是诸葛亮的洞见能力。因为虽然很多人都能够获得同样的信息，但并不是谁都能做出"三分天下"的战略预判。诸葛亮是一个非常善于思考和分析的人，根据当时局势的变化，诸葛亮看清了事物发展的本质，深刻洞见到了天下大势，进而形成了"三分天下"的战略预判。在之后的战略执行中，诸葛亮采取了一系列的协同策略，如联吴抗曹，取荆州、夺益州等。

伟大的战略需要深刻的洞见力，只有洞见到事物和问题的本质，才能真正制定出好战略。可以说，战略思维越强的人，其洞见力越强。

战略思维是底层认知论

战略思维能力是一种洞见力，而洞见力本身是一种高级的认知能力。因此，战略思维也是一种认知事物本质和底层规律的能力。我国著名战略咨询专家王志纲在其所著的书中写道：

"战略是一门起源于哲学、归依于人性的学问，离不开敏锐、超常的对世界的体悟和对人性的洞察。战略是智慧之学，反映认知深度，体现哲学的认识论思想。"

可以说，一个人能不能制定出好战略，就看他的认知能力强不强。对问题和事物看得越深，越接近本质，就越能够制定出好战略。

战略思维是一种远见力

远见力是洞见力的一个重要维度，战略思维也是一种远见力。战略思维讲求以立足长远来审大局之势，只有站在更广的时空纵深思考问题，才能看得更远。正所谓"不谋万世者不足以谋一时，不谋全局者不足以谋一域"，也是这个道理。

战略远见性的本质是站在更长远的视角，通过对事物发展规律的把握，掌握世界运转的底层逻辑，进而预见到别人看不到的趋势或本质。

在企业经营和管理中，评价一个领导者合不合格的一个重要标准就是他有没有远见力，如果没有远见力，那么他就不可能是卓越的领导者。如果不能比别人站得高、看得准，没有远见卓识，就很难在当下复杂多变的时代取得长久的成功。

战略思维中的洞见力

战略思维中到底蕴含哪些洞见呢？

战略是顺势而为

无论国家、企业还是个人，在制定重大发展战略时，首先要做到顺势而为，只有顺应大势才能有所作为。正所谓"取势、明道、优术"，制定出好战略的前提是顺应大势、顺应时势。孙中山先生在一次演讲中说："天下大势，浩浩汤汤，顺之者昌，逆之者亡。"《孙子兵法·势篇》中讲道："故善战者，求之于势，不责于人，故能择人而任势。任势者，其战人也，如转木石。木石之性，安则静，危则动，方则止，圆则行。故善战人之势，如转圆石于千仞之山者，势也。"其实，真正的战略家，无论带兵打仗还是经营企业，都要懂得造势、借势、顺势。

前文提到，雷军是一个有着极强洞见力的人，在战略发展方向的选择上，始终将顺势而为作为重大战略选择的底层逻辑。小米手机的诞生就是抓住了移动互联网的大势。而后在战略选择上，雷军又迅速布局物联网，打造小米生态链。2021年，为了顺应汽车产业的发展大势，雷军又决定布局智能电动汽车领域，因为这是一个万亿级规模的超级市场，未来的智能电动汽车不再只是一个交通工具，而是一个超级智能终端，还是一个超级生活场景，能够提供商务办公、社交、娱乐、学习及休息等丰富的服务。雷军说过这样一段话："一个人要做成一件事，本质上不在于你有多强，而是你要顺势而为，在千仞之山上推千钧之石。"

山东有一家"专精特新"企业，在发展过程中，经历了几次重大的战略选择，每一次都做到了顺势而为。20 世纪 90 年代创业初期，这家公司以做技术含量不高的封箱胶带起家。2000 年后，迎来了房地产发展的黄金期，通过技术创新，这家公司战略性地进入了建材保护膜市场，取得了更大的发展。后来，随着家电产品和电子产品的迅猛发展，公司又前瞻性地选择进入家电保护膜和电子保护膜市场，在发展上又上了一个台阶。这家公司总能够抓住行业发展大势，做出正确的战略选择。其产品不断创新，附加值不断提高，市场规模也在不断扩大，目前已成为一家年销售额达几亿元的企业。

无论我们做投资、做企业，还是做个人成长的战略规划，都需要审时度势，摸准时代的、国家的、行业的发展大势，洞见其发展背后底层真正的驱动力量，并顺应这个大趋势。

战略是扬长避短

在制定重大战略的时候，一个重要的洞见就是能够准确评估自己的能力边界，知道自己擅长什么、不擅长什么。好战略就是能够扬长避短，做自己擅长的事，发挥自身优势，规避风险。一个真正的好战略必须是能力与目标相匹配，就像《论大战略》（*On Grand Strategy*）的作者加迪斯（Gaddis）所说："目标与能力的平衡即为战略。"如果在制定战略时，不清楚自己的能力和资源优势，就无法制定出好战略。

在战争领域里，能够做到扬长避短往往是取胜的关键。赤壁之战可谓是三国时期最著名的一场战役，既是以弱胜强的典范，又是诸葛亮三分天下大战略下的关键之战，此战之后就为三足鼎立奠定了基础。在这次战役中，刘备和孙权联合起来抗曹，诸葛亮和周瑜都洞察到了曹操大队人马渡江的劣势，于是扬水战之长，巧用火攻，击曹操水军之短（曹军多为北方人，不善水战，故将战船连在一起，首尾相接），一举打败了曹操80万大军。

在商业领域里，扬长避短对在激烈的市场竞争中想获胜的企业来说，同样发挥着重要作用。

虽然扬长避短很重要，但是很多企业在战略转型中容易犯的错误就是跳出自己擅长的领域，转型去做自己不擅长的事。比如，有些能源型工业企业转型做农业项目。正所谓隔行如隔山，在原来的领域中积累的大量经验、能力和上下游资源，很难在新的领域中发挥作用。农业领域有其自身的运营规律和门道，不能用过去挣快钱的思维去做投资周期更长、不确定性更高的农业。转型战略中一旦忽略了"扬长避短"，那么很容易转型失败。

在制定个人职业发展规划或成长战略时，也要充分发挥自身优势，规避自身劣势，把自己擅长的事情做到极致。

战略是找到问题的关键解

在面临重大选择时，只有能够洞察到关键问题，才能制定出真正有效的战略。战略的本质不是简单地制定一个目标，而是能够看透问题的本质、方向和关键点，进而采取一系列协同性的行动方案去解决关键问题。著名战略咨询专家王志纲将这个过程形象地称为"找魂"。他认为制定有效的战略，必须洞察问题的本质、发现问题的关键，并找到独特的解决方案。

新加坡的成功崛起让我们看到了战略的重要性。李光耀带领下的新加坡政府顺应时代发展趋势，根据自身优劣势，找到了发展的关键解，使其一跃成为区域经济中心和金融中心，被公认为全球最具竞争力和活力的经济体之一。

虽然新加坡自然资源及国土面积劣势十分明显，但是它有一个得天独厚的地理优势，那就是马六甲海峡，它是国际航运大动脉的节点，是控制东西方航运通道的黄金地段。根据自身的优劣势,新加坡政府分析得出,崛起的关键就在于如何利用自身的优势去发展。因此,新加坡政府制定了"依靠贸易获得发展"的关键战略。找到了问题的关键解,就有了战略指导方针,接下来就是采取一系列的协同策略。这样的战略举措成功地克服了自身市场狭窄的劣势,把本国经济融入了全球经济大市场。

可见,一个成功的战略,既需要顺势而为,又需要扬长避短,更为关键的是找到战略发展的关键解,这样才能制定出正确的解决方案。古希腊哲学家、百科式科学家和数学家阿基米德曾说过:"给我一个支点,我就能撬起整个地球。"而战略的支点就是找到问题的关键解,只有有了这个支点,才能发挥战略的杠杆作用。

战略是聚焦做减法

好战略是有所为,有所不为。企业必须集中有限的资源做更少的事,甚至只做一件事。在激烈的市场竞争环境中,只有战略聚焦,才能建立竞争优势。很多企业的失败往往不是因为聚焦做减法导致的,而是盲目多元化导致的。

过去曾辉煌一时的乐视,就是盲目采用多元化战略导致失败的典型案例。乐视在还没有完全站稳脚跟的情况下,就开始布局乐视手机、乐视体育、乐视影业及乐视汽车等领域,业务战线拉得太长，自身造血能力又不足，且高度依赖外部融资。事实证明，这样盲目实施的多元化战略必然会失败。几乎所有伟大的企业，都是在其核心业务上不断积累专业能力和创新能力，进而取得竞争优势后，才不断做大做强的。而那些缺乏战略定力，总想跨领域投资，做自己不擅长的领域的企业，失败就会随之而至。

近年来，国家越来越重视"专精特新"企业的发展，也就是那些聚焦在某一细分领域，不断深耕，做专做强，朝着专业化、精细化、特色化和新颖化发展的企业。因为在科技大时代，只有凭借专业化及创新能力成为细分领域的全球领先者，才能实现真正的科技强国。

好战略一定是聚焦做减法，因为只有聚焦，才能建立竞争优势。而从过去习惯做加法到做减法，需要战略决策者转变思维模式，从而真正做到战略聚焦。

战略是行动协同

找到了问题的关键解，就等于找到了战略的"魂"，抓住了问题的本质，有了整体的方向和指导方针。接下来需要制定一系列相互协同的行动策略作为支撑，也就是将各种要素、资源与行动协同起来，形成系统力量以实现战略目标。战略研究专家理查德·鲁梅尔特指出："行动的协调性是战略最基本的影响力之源或优势之源。"

战略的"魂"相当于"道"，而行动协同相当于"术"，也就是战略制定的一系列方法。找不准"道"，就不会产生有效的"术"，只有将"道"和"术"相结合，才能制定出好战略，才能达成最终的战略目标。

战略协同是一个资源整合的过程，需要按照战略的总体指导方针，将分散的各种资源、要素协同起来，形成一系列的连贯活动，使它们之间产生"1+1>2"的效果。对企业来说，制定重大战略时，可能需要组织的协同、资金的协同、人力资源的协同、技术的协同、关系的协同及产业链上下游的协同等。越是重大战略，越需要行动协同，否则再大的战略目标也只是镜中花、水中月。

近几年，很多传统企业都面临着战略转型的重大抉择问题。以瓜子起家的洽洽也遇到了转型的危机与痛苦。随着人们需求的不断变化，市场的不断发展，坚果这个品类也在不断迭代。虽然洽洽多年来始终保持国内市场的领先地位，但一些坚果品牌发展十分迅猛，大有颠覆整个行业之势，如三只松鼠、楼兰蜜语及百草味等。洽洽董事长陈先保在面对当下境遇时，认为转型刻不容缓，于是举全公司之力，制定了重大转型战略，进入每日坚果品类市场，推出洽洽小黄袋大单品。

每日坚果属于混合坚果类，消费需求不断升级，洽洽进军每日坚果市场的转型战略，属于顺势而为，进入一个市场规模更大且增长前景更好的市场。此时，这个战略最为关键的一环就是找到进入这个市场的关键解，也就是找到"魂"，在这个战略里其实就是找到自己的差异化定位。经过对整个市场竞争品牌及消费者的研究发现，"新鲜"是重要的差异点，这也是消费者在购买坚果类产品时最大的痛点，因为坚果一旦放置的时间久了，就不够新鲜了，吃起来口感和味道会差很多，这是很多消费者都遇到过的问题。

有了"新鲜"这个差异化定位，也就是关键解，接下来就是制定一系列的协同行动方案。洽洽整合了技术、人才、资金、供应链、产品及营销等一系列协同行动，最终实现了战略目标，转型升级成功。

战略是知行合一

一个完整的战略，需要经过从掌握趋势、准确评估自身优劣势到洞察问题的关键解，再到聚焦发展、制定行动协同方案，最后付诸实践的过程。

这是一个从认知到方法，再到实践的知行合一的循环过程。一位优秀的战略家能够将对战略的深刻认知与实践相结合，在实践中深化认知，在认知中更好地实践，形成一个循环往复的过程，这也是战略洞见力提升的过程。

选择难做但正确的事

在 VUCA 时代，无论打算创业还是已经创业想进一步做大做强，抑或是谋求个人成长的人，都将面临一个重要的战略选择问题：在大方向正确的前提下，是选择容易做的事，还是选择难做的事？

其实这是一个重大的战略选择问题，我们必须以不同以往的战略眼光来看待这个选择。无论做企业还是个人发展，如果想走得更远，那么，好战略的一个重要标准就是选择难做但正确的事。

战略选择之四种类型的事

无论企业战略还是个人发展战略，我们都可以根据难和易，正确和不正确两个维度来划分出四种类型的事，即容易做且正确的事、容易做但不正确的事、难做但正确的事、难做且不正确的事，如图 5-1 所示。

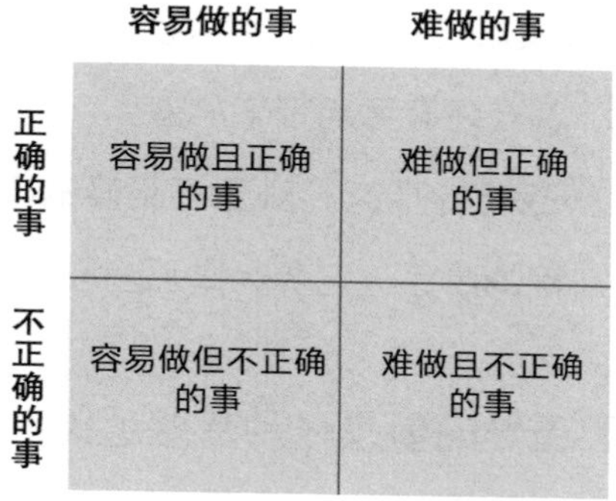

	容易做的事	难做的事
正确的事	容易做且正确的事	难做但正确的事
不正确的事	容易做但不正确的事	难做且不正确的事

图 5-1　战略选择之四种类型的事

容易做且正确的事

其实，很多企业和个人在做战略选择时，往往会选择做这种类型的事。但由于选择这样做的人太多，同质化严重，竞争也更激烈，因此被淘汰的概率很大，不容易产生长期的核心竞争力。

难做但正确的事

从长远来看，好战略就是选择做这样的事，因为虽然有难度，但由于事情正确，因此只要你做成了，就会非常有价值。这样的事能给我们带来真正的成长，也能使我们为社会创造更多的价值。

容易做但不正确的事和难做且不正确的事

无论事情是难还是易，只要是不正确的事，我们就不要做，因为它不符合时代发展的大趋势，不能为社会创造价值，我们做了也没有意义，甚至还有可能带来危害。

总之，在进行战略选择时，对于不正确的事，无论难易都不要做；而对于正确的事，一定要选择那些难做的事。

选择难做但正确的事是一种战略远见

如何理解正确的事

我认为"正确"至少有两层含义：一个是方向正确，另一个是能够创造价值。具体来讲，首先大方向要正确，也就是顺势而为，这是制定好战略的重要前提；另一个是你做的事情能够为他人、为行业发展、为社会创造价值。

正如链家和贝壳找房创始人左晖在《详谈：左晖》一书中所说："第一是你要创造价值，如果不创造价值，仅仅获得结果没什么意义；第二是你在选择路径的时候，要选难的路。"其实，这两点就是一种战略远见。

做更难的事才能走得更远

难做的事往往意味着别人做不了，但会给行业发展带来更大的贡献。因此，一旦做成了，就会形成强大的"护城河"，别人再想和你竞争就会难度极大。做更难的事，更有可能走得更远。在发展和成长的道路上，走得更远才能看到更好的风光，以及别人看不到的风光。

左晖在做链家和贝壳找房的时候，每一步的战略都是选择难做但正确的事。左晖早在 2004 年的一次战略选择上，就远见性地选择了区别于同行的商业模式，即不吃差价，只收取服务费或者佣金。后来，又提出了只推真房源的战略。真房源其实是一种颠覆其他竞争对手的战略，虽然很难，但却有价值，能够提升行业的发展。再后来，左晖做了一件更难的事——建立楼盘字典，就是通过大量的线下信息收集工作，为所有房源建立一套数据信息系统。2018 年，左晖又开始实施链家网平台化战略，使其从一家自营业务公司变成了一家平台化公司，即贝壳找房。两年后，贝壳找房在美国纽交所成功上市，市值一度超过 400 亿美元。

左晖及其团队每一步的战略选择都是做更难的事，不仅给行业带来了提升，也为消费者创造了价值。这展示了他们对行业本质的深刻洞见及战略选择上的远见能力，也正因为如此，才使公司拥有了更强的竞争力，具备了比其他公司走得更远的能力。

真正的成长从来都不是轻而易举的

个人成长战略也要选择难做的事，只有做那些有难度的事，才能真正得到成长。在工作中，如果你总是逃避做有难度、有挑战的事，总想做一些简单的事，就不会得到成长，锻炼不出真正的本事。一个人真正的成长和突破往往是因为自己完成了一项有难度的事情或工作，挑战了自我极限。

做难而正确的事需要坚持长期主义

做难而正确的事离不开长期主义。完成一项有挑战的任务或一个目标，往往不是一两天的事，而是需要长期坚持，需要一种长期主义的思维和价值观。

选择做难而正确的事，不仅需要有长远的战略眼光，还要有大的格局。如果有人问我，在企业发展或个人成长中，什么是好战略，我会告诉他：坚持做难而正确的事。

第 6 章

远见思维

什么是远见思维

远见思维也是一种认知能力。理解远见思维，需要从两个层面入手。

第一，看得够远，即基于长远看问题的思维能力。

一个有远见思维的人不会拘泥于当下和眼前，而是基于长远和未来思考问题。亚马逊创始人贝佐斯曾说过："如果你做的每一件事都把目光放到未来三年，和你同台竞技的人会很多；但是，如果你把目光放到未来七年，那么可以和你竞争的人就很少了，因为很少有公司做那么长远的打算。"

一家没有远见的企业，不会有长远的未来。商业发展如此，个人成长也一样，如果不能够跳出眼前的思维局限，就无法取得长远的发展。越是有远见的人，越会寻找未来的价值。

第二，看得够深，即对事物深度认知的思维能力。

一个人的远见一定是建立在对事物深刻认知的基础上的。

真正有远见思维的人能够洞察事物的发展方向，能预测未来的发展趋势。在创业方面，具有远见思维的人，往往能够对那些别人看不懂、也看不到的市场机会提前布局。在人生成长的过程中，远见思维不仅能够使人取得更高的成就，而且还能使人避免落入短视思维的陷阱，甚至避开灾祸。一个人越能看清事物的本质，其远见思维就越强。

西汉王朝的三个开国功臣，也被称为"汉初三杰"的张良、韩信、萧何，虽然功勋卓著，但人生结局却迥然不同——韩信被杀，萧何一度被囚，唯有张良能够功成身退，得以善终。这结局的背后，绝对离不开张良的远见思维。

楚汉争霸时，当刘邦大军攻入秦朝的首都咸阳，面对豪华的宫殿、美丽的宫女及海量的奇珍异宝和佳酿美酒时，刘邦动了私念，想据为己有，好在张良能够不受眼前利益的诱惑，以长远的眼光去看待问题，极力劝说刘邦，才使其封存了秦朝的宫殿，撤出了咸阳城。之后刘邦宣布废除亡秦旧法，颁布了得民心的新法。

其实，张良根据当时的局势进行分析，深刻地认识到，如果刘邦贪图一时的荣华富贵，那么不仅会成为项羽和诸侯们的眼中钉、肉中刺，还会成为当地百姓眼中的另一个"暴君"。张良认为，奢侈淫逸、残暴无道的秦国刚刚灭亡，如果刘邦占领后就像秦王一样享乐，就等于重蹈覆辙，只会因小失大。

事实上，张良的远见不仅使刘邦躲过了一场与项羽的大战（因为当时项羽的大军已经到了函谷关），还赢得了民众的拥戴，百姓都希望刘邦留在咸阳。这就为日后一统天下奠定了良好的政治基础和群众基础。

张良的另一个远见体现在西汉王朝建立后，他不居功自傲，不贪图名利。他拒绝了刘邦三万户食邑的封赏，只选择了与刘邦相遇时的留地作为食邑。之后他自请告退，专心修道研学，基本不再涉政。最终张良得以明哲保身，将命运掌握在了自己的手里。

其实，张良的这种远见是建立在对时局及君臣关系的深刻认知基础上的，他深知"狡兔死，走狗烹""飞鸟尽，良弓藏""敌国破，谋臣亡"的道理。作为谋臣，最重要的是知道自己什么时候该进、什么时候该退、什么该取、什么该舍的人生道理。

远见思维是一种洞见力

远见思维本质上是一种洞见力。一个人的远见力是通过对事物本质和底层逻辑的认知所形成的，是能够通过现在看到未来，透过现象看到趋势的能力。远见思维越强，洞见力就越强。

华为创始人任正非在一次采访中被问道："假如投了上千亿元在基础研究上面，见不到成果，那怎么办？"任正非回答：

"虽然科研上不成功，但也培养了人才。"这就是一种极有远见和智慧的认知。因为对一家顶尖的技术企业来说，科研上的投入没有是否浪费一说，即使当下没有做出重大的研发成果，也培养了一大批人才。而且，从一家企业的长远发展来看，没有科研投入，就没有人才优势；没有人才优势，就不会有领先的技术；而企业没有领先的技术，也就没有长远的未来。华为能够引领 5G 时代，就是其在科研与人才方面运用远见思维的结果。

远见思维是重要的核心竞争力

大到一个国家，小到一家企业或个人的长远发展，远见思维都起到了重要的作用。换句话说，远见思维是一项非常重要的核心竞争力。

一个没有远见的国家，不会有光明的未来。而一个国家的崛起，需要几代有智慧、有远见的领导人的带领才能实现。企业发展亦是如此，缺乏远见，就没有未来。远见思维是企业家重要的核心竞争力，因为一家企业之所以能够看到别人看不到的机会和趋势，就是建立在企业家对未来发展和长远趋势的关键判断上。判断得越准确，就越能够提前布局，形成战略的先发优势，进而成为企业强大的护城河。远见思维越强的企业，其核心竞争力也越强。凡是那些只注重短期利益，具有短视思维习惯的企业，注定不会有强大的竞争力和长远的未来。

有远见思维的人才能看懂未来，只有看懂未来的人，才能一往无前地坚持，直至最终实现目标和梦想。毫不夸张地说，有远见思维是一个人成功的至关重要的因素。

新东方创始人俞敏洪认为，只要在正确的方向上，愿意每天付出努力，那么你的进步一定会比别人快。他最有远见性的一项努力就是持续地读书学习。从进入大学到现在，他能够做到平均每年读 100 本书以上，且从未间断，累积下来已经阅读了几千本书。他说："当你这样做下来，自然就会厚积薄发，或者自然你的眼光就会变得更加高远一点。"

有远见思维的人不见得百分之百都能够成功，但是缺乏远见思维的人很难成功。越是在大家都很浮躁，都看重眼前利益，比较短视，比较急功近利的时候，远见思维就显得越重要。可以说，远见思维是应对当下这个竞争激烈、复杂多变、具有高度不确定性的时代的最好的利器。

远见思维与格局

格局是指人们对事物的认知范围。格局本质上体现的是一个人的认知水平和能力，往往引申为一个人的眼界、气度和心胸。

远见与格局的关系

有人说，一个人最大的格局就是有远见。也有人说，有远见才更有格局。其实二者说的都没错。从根本上来说，远见和格局是一体的，是你中有我、我中有你的相互包含的关系。格局和远见的交叉之处就是洞见力，就是智慧（见图 6-1）。

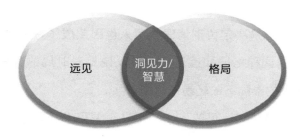

图 6-1　远见与格局的关系

在《史记·廉颇蔺相如列传》中有三个故事：完璧归赵、渑池之会、负荆请罪。

故事中的蔺相如先是奉命出使秦国，凭借其机智与勇敢，将和氏璧完好无缺地带回了赵国。后又在秦王设下的渑池之会上，陪同赵王一起赴会，并使赵王免受秦王侮辱。蔺相如为赵国立下了大功，于是赵王封他为上卿以表彰其功劳。然而，赵国大将军廉颇却表示不服，认为自己战功赫赫，为国家立下了汗马功劳，而他仅凭一张嘴，官职就在自己之上。于是放出狠话："我见相如，必辱之。"这话很快传到了蔺相如的耳朵里，他不仅没有生气，而且每次见到廉颇时都尽量回避、忍让，不与其发生冲突，甚至连他的门客都觉得他畏惧廉颇。

可事实并非如此，这正体现了蔺相如的远见与格局。因为蔺相如是从长远的视角考虑国家大局的利益，而不是眼前与廉颇的个人问题。蔺相如连秦王都不怕，又怎会畏惧廉颇？后来，廉颇也被其宽容大度、深明大义的格局和以国家大局为重的远见所折服，于是决定负荆请罪，两人也因此成了好朋友。正因为蔺相如的这种格局和远见，也可以说是对时局的深刻洞见，才使得强大的秦国不敢轻易对赵国用兵。

一个有格局和远见的人，一定是有洞见力和智慧的人，无论在哪个时代，无论在哪个领域，皆是如此。

用远见思维提升格局

我们说格局不同，主要是指对事物认知的不同。所以，一个人格局的提升是一个系统提升的过程，需要人们去经历、去感悟，更需要认知上的改变，如此才能提升格局。格局的提升是"知"与"行"的合一过程，光知道道理没有用，更重要的是你要能做到。

一个人格局变大的过程首先就是认知的改变和提升的过程，而认知的改变需要思维习惯的改变，也就是思考问题的方式的改变。那么，有没有一种通过改变看问题的方式而提升格局的方法呢？

答案是有的，那就是用远见思维来提升格局。具体来说，就是从格局的时间维度入手，尝试把思考的时间尺度拉长了去看待事情。当你的想法改变了，你的格局也就改变了。你看问题的时间尺度拉得越长，就越能看清事物的本质和真相，你的格局就会更高。这种方法我也经常使用，确实能够拓宽格局和视野。

拉长时间尺度背后的逻辑

为什么把时间尺度拉长了来看问题，人的想法会发生改变呢？

这是因为我们常把注意力聚焦于当下和眼前，使我们的视野变得狭窄，从而导致自己的想法和决策过于短视，也就表现为我们的格局不够大。

塞德希尔·穆来纳森（Sendhil Mullainathan）和埃尔德·沙菲尔（Eldar Shafir）在他们合著的《稀缺》（*Scarcity*）一书中，对短视行为产生的原因给出了解释。当我们面临一种稀缺时，就会产生"管窥之见"或"隧道视野"，也就是我们所说的短视行为。你专注于某一个事物，也就意味着你会忽略其他事物，那么其他事物便无法进入你的视野。同样，如果你对待某一件事总是从当下的角度去看，你就会忽略长远的视角，你的视野就会非常狭窄，而一旦形成了短视思维习惯，你就很难跳出来。

同样一件事，如果从当下和长远两个不同的角度看，你的想法、决策及行为就会有所不同。

我们拿"抱怨"这件事来举例。生活中，我们经常会产生抱怨的情绪。比如，早晨正准备开车上班，结果发现自己的车被其他车刮蹭了，这时你肯定会不高兴，还会抱怨自己为什么这么倒霉，整个人的心情都因为聚焦在这件事上而变得糟糕。甚至还会产生连锁反应，导致一整天都觉得自己很倒霉，做什么事都不顺利。

抱怨的负面情绪有时候会带来一系列的影响。其实，我们可以冷静下来想一想，认真地审视一下这个抱怨，问问自己：这件事真的值得我那么生气吗？我抱怨的这件事有那么重要吗？我的抱怨有助于我解决问题吗？

跳出当下，试着拉长视野，把时间拉长些再来看这件事，你会怎么想？然后再问问自己：一个月后去看这件事，还值得抱怨吗？1年，5年乃至10年后呢？当你把时间拉长，眼光放得长远后再来看这件事，你还会觉得当下的那些抱怨值得吗？你是不是会觉得，自己当时因为一件小事而产生一系列的负面情绪，进而使自己一整天都不高兴有点可笑呢？当我们把时间尺度拉得越长，我们的视野和格局就会越大。

时间尺度拉得越长，越能够更好地控制情绪

判断一个人格局高低，其中有一个标准是看他能否很好地控制自己的情绪。因为一个能控制自己情绪的人，内心一定是十分强大的。我们发现，格局越大的人在遇到事情时，越不会轻易发怒。在成功的道路上，有时候最大的绊脚石就是无法控制自己的情绪。我们经常说："能够控制好自己的情绪，就能够掌握自己的命运。"

有时候情绪之所以难以控制，就是因为你把视野聚焦在了事情发生的当下。如果你能够跳出当下，把时间拉长了再看，那么相信你的情绪会有所改变。

事实上，当你把时间尺度拉长后，许多事都变成了小事，你就不会那么容易被情绪所控制，就能成为情绪的主人。

时间尺度拉得越长，越不会计较当下的得失

通常来说，一个有格局的人往往是那些不太计较当下得失的人，他们会以更宽广的视野、更长远的视角看待得失。

是否计较当下一时的得失最能看出一个人的格局。工作中，当我们在计较自己比别人干的活儿多时，你是否想过你到底是在为别人工作，还是在为自己工作。我们应该明白一个道理，

当一个人计较当下太多，就会输掉未来。

有时候，当你纠结于当下得失时，你应该试着把时间拉长来看，把视野放宽来看，也许你就不再计较一时的得失了，因为从长远视角来看，你能看清楚什么对你更重要，什么对你更有价值。

时间尺度拉得越长，对事物的认知越准确

格局的高低，表现在一个人对事物认知能力的高低。"拉长时间尺度"的思维方式，对于提高一个人对事物的认知能力非常有帮助。

当你处于人生低谷时，如果你能把时间拉长了来看，5 年后会怎样，10 年后呢？当你这样想的时候，你就会用更乐观的态度看待低谷期。因为你知道，从长远来看，我们都会经历人生的起起落落，一时的失意不代表一辈子失意，此时的低谷正是上升期的开始和起点。当你这样思考了，你还会一直在低谷中不能自拔吗？

拉长时间尺度去看待事物和思考问题，会使你的视野更为广阔，对事物的认知也更加全面，且具有战略性和整体性。当你站在未来看当下，就会变得更加睿智，更能看清方向，更懂得如何取舍，也更有格局。

10 年框架思考法

拉长时间尺度能够提升一个人的格局，那么到底拉长多少年合适呢？1 年、3 年、5 年还是 7 年？其实并没有一个标准答案，因为事情的大小不同，需要拉长的时间也不同。然而，对于创业、个人成长等人生中重大的战略级事务，就需要将思考的时间框架拉得足够长。

什么是 10 年框架思考法

10 年框架思考法，顾名思义，以 10 年的长度为一个思考框架，来思考那些比较重要的事。

为什么是 10 年，而不是更长或更短的时间呢？其实，在制订成长计划时，很多人喜欢以 1 年为单位，企业发展战略的时间跨度一般为 3~5 年。但是，随着时代的发展、竞争的加剧，无论企业也好，个人也好，都必须以长远的视角去思考未来的发展。从个人成长角度来看，如果你想在某个领域里成为专家，或者想掌握一项专业技能，那么没有 10 年左右的积累，肯定不行。

在职业发展中，如果你只思考两三年的事，那么你可能刚刚学会一项技能，还没来得及施展就过时了。在个人能力成长规划中，必须把眼光放长远，至少以 10 年为一个思考框架，看一看你想发展的技能或从事的领域 10 年后会怎样，是否还能顺应时代的发展。

企业发展也是如此。很多行业和技术发展得非常快，因此，在技术创新的过程中必须基于长远去思考，甚至你要思考你所掌握的这项技术 10 年后还会领先吗？例如，当华为在 5G 领域取得领先地位时，别人想的可能是如何追赶华为，而华为早在多年前就开始了 6G 技术的研发。对企业来说，不只是技术方面，在消费需求、商业模式及营销创新等方面，也要把眼光放长远，因为在移动互联网、人工智能时代，一个新的商业模式的出现，很可能会使你陷入被动的局面。这就要求企业管理者能够提升自己的远见思维能力，基于长远去思考问题。

10 年框架思考法，其实有两层含义：一是以 10 年的眼光看问题和思考战略；二是一旦确定了正确的成长领域和方向，还要拿出十年磨一剑的功夫去做这件事。看得有多远，就得坚持做多久，只有这样，才能真正成为所在领域的高手或专家，才是真正的知行合一。10 年框架思考法在帮助我们建立远见思维的同时，其实也提升了我们的洞见力。

10 年框架思考法背后的底层逻辑

为什么要基于 10 年框架去思考重大的事情？除了上面介绍

的外部环境因素外，其背后也有底层逻辑。

底层逻辑一：远见思维

10 年框架思考法是让你的思考建立在更大的时间系统观里，是一种远见思维。一旦形成思维习惯，远见思维就会提升，进而洞见力也会变强。因此，远见思维是 10 年框架思考法的一个底层逻辑。

底层逻辑二：复利思维

10 年框架思考法的第二个底层逻辑是复利思维。复利思维其实就是，做事情 A 会导致结果 B，而结果 B 又会加强 A，不断循环，不断加强。在投资领域里，影响复利的因素主要有利率的大小、利率获取时间的整数倍是多少，以及本金的大小。如果其他值保持不变，那么只要增加年数就会提高复利终值，增加的年数越多，复利效应就越明显（见图 6-2）。

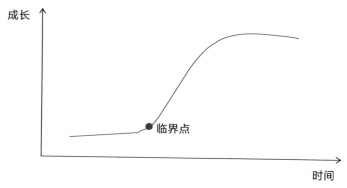

图 6-2　成长的复利曲线

因此，如果不考虑初始值，成长的效率和重复的次数就会很重要。重复的次数与时间成正比，学习和成长持续的时间越长，复利效应越明显。

一个人的成长往往在前几年不会太明显，因为还没有积累到质变，也就是复利曲线的临界点。很多人在学习某项技能，或在某个领域里成长时，开始努力了几年，发现没有实现大的突破就放弃了，其实很有可能是还没有到达复利曲线的临界点，还没有由量变到质变。这就是我提出10年框架思考法的原因，很多技能的习得或在某个领域的成长，往往需要足够长的时间才能迎来临界点，进入快速增长阶段，这个时间可能需要10年甚至更久。当你认识到这种方法背后的复利思维原理时，做一件事就不会浅尝辄止，不会轻易选择放弃了。

其实，复利思维是一个重要的底层思维，对于个人成长有指导意义。它告诉我们，只要每天比别人多努力一点，多成长一点，几年后就会和别人拉开很远的距离。就像硅谷知名投资人纳瓦尔所说："要着眼长远，生活中所有的回报，无论财富、人际关系还是知识，都来自复利。"人的成长和洞见力的提升也来自复利，我之所以提倡10年框架思考法，就是因为其背后的复利效应。

底层逻辑三：长期主义思维

10年框架思考法背后的第三个底层逻辑是长期主义思维。

我们思考问题和做一件事都需要长期主义思维。很多人将长期主义作为一种方法论使用，但我以为，将长期主义思维作为企业或个人成长的价值观会更有价值和意义。

亚马逊创始人杰夫·贝佐斯就是一个将长期主义思维作为价值观和信仰的企业家。在其经营理念中，所有关键、重大的决策都必须基于长期主义去思考。他在第一封致股东的信中说道："我们的投资决策要继续基于长期市场领导地位来考虑，而不是看短期盈利或华尔街的短期反应。"在之后的长期价值选择中，他选择始终专注于用户，对用户痴迷，而不是将焦点放在短期的业务和竞争对手上；在增长与盈利之间，他选择了规模增长而不是短期盈利；在人才选择方面，他选择了为梦想痴狂的"传教士"而不是逐利的"雇佣兵"。

只有长期主义者，才能成为时间的朋友。10 年框架思考法可以助力提升远见思维，使你成为一名真正的长期主义者。短期主义者赢得当下，而长期主义者赢得未来。

10 年框架思考法的实践应用

在创业、投资及个人成长等诸多方面，都可以应用这种方法，以保证决策的远见性及做事的持久性。

向 10 年后发问

如何运用 10 年框架思考法呢？首先就是尝试"向 10 年后发问"。比如，在规划成长战略时，你想学习一项技能，那你可以这样发问：这项技能 10 年后还有用吗？ 10 年后会不会被人工智能所取代？当你以 10 年框架去思考成长问题时，就有了远见性，自然就会去研究未来 10 年哪些行业和技能被人工智能取代的风险最大。在未来的职业规划中，就会重新定位自己成长的领域，去发展那些不容易被人工智能取代的能力，如创造力、领导力等，因为越是简单、重复的工作，越容易被人工智能所取代。李开复在《AI·未来》一书中预测过："截至 2033 年，有 40% 的工作岗位上的人类员工都将被 AI 和自动化技术所取代。"而他在《AI 未来进行式》一书中，更是以未来 20 年的时间框架去思考人工智能是如何深刻改变人类世界的。如果你对未来的规划只是三五年，那么极有可能学到的技能 5 年后就被淘汰了。

因此，我们要懂得站在未来的视角，去审视自己当下的行动，看看自己目前正在做的事情是否依然值得去做，自己规划的事情对未来到底有没有价值。

创业和经营企业也是如此，你必须去思考：10 年后企业的产品和服务还能够为顾客创造价值吗？这个行业 10 年后会发展成什么样？只有基于 10 年乃至更久的时间去思考战略和未来，企业才会走得更长远。

投资也是如此。任何一个投资高手都不会紧盯着眼前，投资投的是未来，看的是长远的投资价值。

将时间和精力放在具有复利效应的事情上

10 年框架思考法还告诉我们这样一个道理：学会将自己的时间和精力主要放在具有复利效应的事情上。这是非常具有远见性的一种思维方式。

其实，很多事情都具有复利效应，如企业技术能力的积累、文化的塑造、品牌资产和信誉等，个人成长中知识的学习、技能的提升、人脉的拓展及财富的累积等。一个人越有远见，越应该多去做那些具有复利效应的事，因为这样的事做得越多，持续的时间越长，取得的收获就越大。究其根本，我们要让自己的价值创造能力具有复利效应。

一件事情做 10 年

在成长过程中，每个人都应该找到那么一两件能够坚持做到 10 年乃至一辈子的事情。前提是，这样的事一定对自己很重要，并且是正确的，如读书、跑步及写作等。

一件有价值的事，坚持的时间越长，复利效应越明显，对于人的成长和发展也越有价值。人的一生如果能够找到一两件自己愿意去做 10 年甚至一辈子的事情，其实是一种幸运。

如何培养远见思维

远见思维是一种抽象化的思维能力，这种能力可以通过刻意练习而不断提升。下面介绍几种培养和提升远见思维能力的方法。

拉长时间尺度

其实，前面提及的 10 年框架思考法就是通过拉长时间尺度来培养远见思维的一种重要方法。确实如此，时间尺度拉得越长，越能够看清事物的发展趋势和未来，进而能够知道自己现在该怎么做。

基于长远的未来去思考问题，可以说是有远见的人的一个重要特征。但是这里有一个重要的前提，就是必须有一个目标和愿景。没有任何目标和愿景的人，基本上也不会去规划未来的发展，更不会基于未来去思考。

提升认知深度

提升一个人的认知深度，是培养远见思维最为重要的方法。

从根本上来说，一个人的远见思维能力源于对事物本质的认知能力，对变化背后趋势的判断能力。

只要你的认知程度足够深，就能洞察到事物的底层逻辑。桥水基金创始人瑞·达利欧（Ray Dalio）在《原则》（*Principles*）一书中写道："所有一切的运转，都有赖于深藏其中的原则，也就是一串又一串的因果关系决定了这个世界的走向。如果你探索出了因果关系，最好是绝大部分，那么你无疑掌握了打开这个世界藏宝箱的钥匙。"他所说的"深藏其中的原则"就是事物的本质规律和底层逻辑，想要洞察到这些"原则"并提升自己的远见思维，无疑离不开深度的认知能力。

扩大视野宽度

扩大视野宽度的意思就是增长见识，一个人的见识越广，远见思维能力就越强。我们可以通过多看书、多出去走走、多和高人交流、多实践等方法来拓宽视野和增长见识。当你学习的知识多了，去的地方多了，识人能力强了，阅历丰富了，自然见识就广了；见识广了，人就会变得越谦虚、越有格局；而有了格局会使人更有远见。可以说，见识是一个人有远见的前提。

关于商机，马云说，任何一次商机的到来，都必将经历"看不见""看不起""看不懂""来不及"这四个阶段。其实，这是针对没有见识和远见的人来说的。一开始他们对商机是看不见的，等看见了又看不上，觉得没什么前途，等自己看得起的时候又发现根本看不懂，直到最后真正能看懂的时候，才发现已经来不及了。其实，每一次巨大的商机或风口的出现，都是如此。只有那些有见识、有远见的人才会先知先觉，抓住机会提前布局，成为行业翘楚。而缺乏见识和远见的人，往往在别人已经看懂了、看明白的时候尝试进场，属于典型的后知后觉，结果只会成为潮水退去后的"裸泳者"。

可以说，你有多大的见识，就有多远的未来。没有见识，就不会产生远见。所以，我们一定要多经历、多出去走走，因为花盆里长不出参天大树，庭院里也练不出千里马。同时，我们还要多思考，多向优秀的人学习，这些都能帮助我们提升远见力。

改变思维角度

打破习惯的思维视角，从一个全新的视角看问题，往往能够提升人的认知事物的能力，变得更有远见性。有时候，人之所以没有远见，就是因为常常被限制在固定的思维模式中。那么，该如何改变我们的思维视角呢？

尝试跳出当下面临的问题

有时候在问题中寻找解决办法，往往会让我们的视野变得更狭窄，尤其是当眼前的问题未必是真问题时，我们常常会陷入其中很难找到答案。但是，若能尝试跳出问题去思考，转换一个角度，则更容易发现那个真问题。"不识庐山真面目，只缘身在此山中"就是这个道理。看清问题的真相和本质，需要你跳出所面临的问题，这样才可能有更清晰的视角，触发你的远见力。

反向思考

这种方法之所以能够提升远见思维，主要是因为当你反向思考时，就能看到别人看不到的东西，发现别人发现不了的潜在机会。别人都在强调做大，你只要反向去做小就是机会，比如，当苹果、三星等品牌的手机售价很高时，小米手机以极致"性价比"切入市场，也取得了成功。

用变革的眼光看问题

提升一个人的远见思维有时候还需要彻底改变思考模式本身。思维模式固化，就如同坐井观天的青蛙一样，目光短线，视野狭窄。当企业遇到发展困境，需要转型时，有时候不能靠细微的改变来实现，往往需要根本性的变革。可以说，变革的眼光其实就是远见性的眼光。有时候，不变革就等于死亡，只有变革，才有适应未来的希望。

形成习惯

远见思维的形成、优化和提升是一个循序渐进的过程，也是从量变到质变的过程，需要持续不断地精进和积累，并通过上述方法形成一个正向反馈循环系统。最终目的是形成运用远见思维的习惯，遇到任何事情，都能够下意识地运用远见思维去思考。

第四部分

比别人看得更不同

第 7 章

学会切换视角

切换视角

惯性思维是普遍存在的，我们都知道其危害，因为稍不留意，就会陷入惯性思维的陷阱。问题的关键是，我们应该如何改变这种思维？

惯性思维陷阱

什么是惯性思维？我们不妨先来看一位师父给他的学徒们讲的一个故事。故事发生在一家五金店里。一天，店里来了一个想买钉子的聋哑人。看见店员，聋哑人就做着左手"拿钉子"、右手"握锤子"的锤打的动作。店员一看，给他拿了一把锤子，结果聋哑人摇摇头，这时店员一下就明白了，原来他想要的是钉子。聋哑人刚走没多久，店里又来了一个盲人，他想买一把剪刀。故事讲到这里，师父突然发问："谁能告诉我，这个盲人怎样才能以最快的方式买到剪刀呢？"话音未落，一个学徒马上回答："他只要用手比画出剪东西的动作就行了。"其他学徒也为他又快又准确的回答表示赞同。而这时师父却笑了，说道："其实，你们都错了，盲人只要开口说一声就行了。"大家这才反应过来，发现自己是在用惯性思维思考问题，这也正是师父想讲给大家的一个道理：有时候不是我们不够聪明，而是过去的思维惯性限定了我们。

再说一个著名的实验：将 6 只蜜蜂和 6 只苍蝇同时装进一个玻璃瓶中，然后将瓶子放倒，瓶底朝着光线更明亮的窗户。你认为是蜜蜂能先从瓶口飞出去，还是苍蝇先飞出去呢，或者是它们同时飞出去？实验的结果是，苍蝇在不到两分钟的时间就从瓶口飞出去了，而蜜蜂习惯在光亮处找出口，一直撞向瓶底处，直至最后力竭而亡。这就是思维定式所导致的，苍蝇没有这个思维定式，只会随机地四处乱飞，反倒成功地飞出了这个"囚室"。

在生活和工作中，我们都或多或少地被惯性思维所束缚。惯性思维也叫思维定式，它是指由先前的活动而造成的一种对活动的特殊的心理准备状态，或活动的倾向性。从物理学的定义去理解惯性思维更容易一些，惯性就是物体保持其运动状态不变。惯性思维往往表现为用我们惯常的、习惯的思维模式去看待问题。运用惯性思维的好处是，在环境条件不变时，能够使我们迅速利用惯有的方式去解决问题。但是，一旦条件发生改变，惯性思维就会成为一种束缚、一种枷锁。一旦惯性思维变得单一和固化，就会成为思维的"陷阱"，阻碍我们的视野、洞见和创新。

心理学家莱茵曾说："注意不到的东西制约着我们的视野和行为。因为我们未能注意到我们未能注意的事实，所以，等我们发现它对我们的思想和行为产生何等深远的影响时，我们才知道自己已经无法改变它。"

其实，惯性思维就是其中一种我们注意不到的，却制约着我们的视野和行为的东西。不打破旧有的做事模式，就不会形成新的行为和思维习惯。

切换视角，洞见不同

切换视角的本质就是跳出惯性思维，切换到一个新的视角去思考问题，从而看到问题的本质，看到别人看不到的东西。说到底，只要切换视角就能够洞见不同，只有跳出惯性思维，不让自己成为惯性思维的囚徒，才会产生洞见力、创新力。

《理解未来的7个原则》（*Flash Foresight*）一书的作者讲了一个儿童牙科诊所的案例，很好地说明了切换视角看问题所带来的不同。

作者的一个朋友开了一家儿童牙科诊所，可是情况并不如预期，来过的患者没有带来更多的客户。于是他找作者帮忙，看看到底问题出在哪里。

　　作者仅花了 10 分钟，对诊所仔细观察了一圈，心中便有了答案。于是作者建议他的朋友和他一起以一个孩子的视角，也就是蹲下来，再来感受一下这家诊所。当他们蹲着重新进入候诊室，环顾四周时，他的朋友发现什么也看不见。这才意识到，候诊室房间里的所有物件都是以成人的视线标准设计的，孩子来到前台时甚至连接待员的脸都看不见，如何能感受到微笑和友善的服务呢？可见，降低前台高度就是第一个需要改进的地方。

　　接下来，作者建议他的朋友听一下隔壁房间传来的由设备所发出的杂乱的声音。作者问道："当孩子在看牙医时听到这种声音会是什么感觉呢？"于是作者建议他的朋友放一些舒缓的音乐，这样能起到安神、降噪的作用。此外，作者还建议，最好在治疗室中安装一些消音材料。最后作者建议使用嗅觉闻一下诊所的气味。他的朋友明显闻到了一股医院特有的气味，这是孩子最不喜欢的气味。

　　当他们这样蹲着，用视觉、听觉和嗅觉重新感受一圈后，发现了诸多问题。之所以会出现这些问题，是因为他的朋友以一个成人的视角思考，也就是他习惯的思维视角，而不是以一个孩子的视角思考。

　　生活中，当我们切换视角，跳出惯性思维，就能够从一个全新的角度看待事物，也就能看到更多不同的东西，自然会有更多洞见。

切换视角，提升创新力

人们从不同的角度和方式去看待事物的时间久了，会产生不同的思维模式，而不同的思维模式又会导致人与人之间的差别。比如，学理工科的人往往善于数字和逻辑推理，而许多学文科的人见到数字就头疼，那些从事艺术创作的人更擅长使用右脑，其想象力比较强。这就是一个人长期从事某一方面的训练，形成了惯性看待事物的视角和思维习惯的结果。

如果人们总倾向于从某个角度去看待事物，就容易产生固化或单一性思维，这会阻碍一个人的创新力。很多时候，我们看起来缺乏创新，往往是因为大脑里长期积累的、陈旧的、约定俗成的条条框框所致。过去的方式、框架一旦形成，就不容易再改变了，那么思维就会单一和固化。

切换视角是一种创新思考，是克服思维单一和固化的有效方法。

在战争期间，如果问你：如何才能降低战机被击落的概率？你可能立马回答，在战机中弹最多，也就是弹痕最多的地方加强保护就行了，这也是第二次世界大战期间美国作战指挥官的回答。他们认为应该对弹痕多的地方，也就是机翼部分加强修复，以起到保护作用，因为他们根据统计发现，飞机翅膀最容易被击中，也是弹痕最多的部分，而飞行员座舱和飞机尾部发动机则最少被击中。

其实，这是在用一种固化的、单一的思维看问题。指挥官们的数据是根据那些能够返航回来的战机统计的。而美国统计学家沃德教授切换了惯常的思考视角，认为应该加强对弹痕非常少的座舱和尾部发动机的位置的防护。我们一般人是站在能够返航回来的飞机的角度去思考的，而不是从已经被击落、无法返航的战机的视角去思考，自然无法看到问题的本质和关键。沃德教授认为，数据显示飞机尾部发动机很少中弹的原因，不是因为不会中弹，而是因为一旦中弹，战机就根本无法返航了。

视角不同，得出的结论和答案就不同。有时候，切换一个新视角，就多一个选择和答案，多一种理解。每当我们遇到问题时，不要先急着下结论，而是要提醒自己有没有其他答案，有没有更多的选择。人类天生就喜欢采用惯常的、固化的思维看问题。因此，要想克服单一和固化的思维，就得尝试改变自己的思维模式，跳出惯性思维，不断提升创新力。

切换层次视角

我们往往习惯在问题所在的层次上看问题。而切换层次视角是指我们在思考和解决问题的时候，只要能够跳出问题所在的层次，向更高的逻辑和思维层次切换，看问题的视角就会发生改变，使我们能够看到之前看不到的东西，那么问题就会迎刃而解。就像爱因斯坦所说："我们不能用制造问题时的同一水平思维来解决问题。"也就是说，我们应该向更高层次、更高维的视角去切换，如此才能够有所洞见和创新。

切换逻辑层次视角

逻辑层次理论

逻辑层次视角，也叫思维层次视角。逻辑层次理论自下而上共分为六个层级，分别是环境层、行为层、能力层、信念/价值观层、身份层、愿景层，它是帮助大家思考和判断的一个模型，在企业管理和个人发展中都可以应用（见图7-1）。

环境层是指一个人所处的外部环境状况。如果只停留在环境层次思考，那么当我们遇到问题时，往往会将其归咎于环境，抱怨环境不好。

图 7-1　逻辑层次理论

行为层是指一个人的行动和行为，做什么，用什么方法做，如何去做。如果在这一层次思考，那么出现问题时我们会主动查找自身的行为问题，比如是不是自己没有行动，以及行动的方法好不好等。

能力层是指关于自我的能力，是否具备某方面的能力，具备哪些能力。如果在能力层思考，那么遇到问题时我们能够从自我能力方面去考虑问题。

信念 / 价值观层是关于一个人对价值的判断，认为"什么更重要"及"为什么重要"。每个人都有自己的价值观，都有自己的价值判断标准。当你遇到问题时，知道什么更重要，就会做出相应的选择。

身份层是指一个人的角色定位，比如希望自己成为谁或希望自己是谁。在这个层次思考，考虑的是你希望别人如何看待你，自己以什么身份来实现人生意义。

愿景层处在最高层，关于一个人的人生使命，超越了个人身份。在这个层次，你会思考自己的人生意义是什么，你和世界上其他人的关系是什么，世界会不会因为你的存在而发生改变。

在这里，我们将环境、行为和能力这三个层次归为低三层，属于意识层面；而将信念/价值观、身份和愿景这三个层次归为高三层，属于潜意识层面。在实际运用时，上一层次对下一层次有指导作用。所以，当你想改变认知时，切换到更高一层往往会更有效。比如，当你的工作发展不顺时，如果聚焦在环境层你就会认为，是外部环境原因导致自己发展不好的；而当你切换到行动层，你就会思考是不是自己的行动力不够，或者方法有问题；再往上一层，你就会思考，是不是自己的能力不足导致发展不顺的。

向更高层次切换

无论在工作中还是在生活中，遇到问题时，首先应该问问自己：我思考的层次处在哪一层？如果在这一层还是想不通，还是很纠结，那么就要考虑向上切换一下视角，看看在上一层思考的结果是否完全不同。在个人成长中，当你聚焦在行为层时，你的想法是如何改变行动和已有的习惯；而一旦切换到信念／价值观层、身份层和愿景层上，你就不会再纠结行动的问题，内心会很清楚什么对你更重要、什么更有价值。并且，当你怀有远大的使命和愿景时，行动从来不是问题，你会产生一股强大的内驱力，推动自己去追寻人生的意义。

思考问题的层次不同，结果就会不同

思维处在不同层次，关注点就会不同，形成的应对问题的思维模式也不同。因此，一个人如果长时间只在一个层次去思考问题，就会形成固化的思维，如环境抱怨型思维、行动型思维、能力型思维、价值型思维、身份型思维、愿景型思维，进而使人与人之间的差距不断拉大，其人生结果也会不同。人生最重要的就是找到那个让你持续奋斗下去的使命，有了使命感，成长才会有不竭的动力。

就拿写作来举例，如果你认为它是一项赚钱的技能，那么，最多你只是处在能力层次看问题，思考自己如何不断提高写作技能。而如果你想成为畅销书作家，也就是在身份层次思考，那么你看待写作这件事就会完全不同，因为要创作出畅销书，你必须能够为读者创造价值，而不只是提高写作技能。

所以，一个人思考的层次越高，其取得的成就也会越高。但这并不意味着，只要你向上一层简单切换一下视角，就能提高思维层次了，而是要在更高的层次长期地去践行，你的认知能力才能真正到达那个层次。不同的思维层次反映了一个人认知能力的高低，层次越低，认知能力就越差；而层次越高，认知能力就越强，格局也越大。由低层次向高层次升维思考，是一个长期学习和实践的过程，也是知行合一的过程。当你能够下意识地在更高层次思考时，证明你的思维已经上升到了这个层次，你的思维层次决定了你的人生结果。

切换空间层次视角

切换空间层次视角，简单地说，就是切换到更高、更大的空间范围去思考问题，你往往会有不一样的视角和理解。瑞·达利欧在《原则》一书中讲过高层次思考法："人类拥有独特的从更高层次俯视的能力。高层次思考不是指级别更高的人所做的思考，而是指自上而下地审视事物，就像你从外太空看你自己和整个地球一样。从这个绝佳的角度，你会看到大陆、国家和海洋之间的联系。拉近镜头，你还可以看到更多细节，你可以近距离地看到你的国家、你所在的城市……最后看到你身边的环境。因为有了这个更宏观的视角，你对事物才有了更深刻的洞悉。这比你仅仅围着自己的房子打转好得多。"

瑞·达利欧的这种高层次思考法，其实就是跳出当前的小空间，切换到更高的空间维度去思考问题，从而洞见到别人洞见不到的东西。看一个问题，我们可以从三个空间层次去寻找原因：宏观视角层、中观视角层、微观视角层（见图 7-2）。

图 7-2 空间层次视角

以投资企业为例，站在不同的空间视角看到的东西会不同。站在微观视角层思考，你看到的是企业自身的情况，如运营得好不好，利润率高不高，有没有核心竞争力，商业模式和创始人团队怎么样等。站在中观视角层思考，你就能看到企业的前景如何，在产业链中处于什么位置，企业处在什么周期、哪个阶段，企业的赛道如何等。站在宏观视角层思考，你会结合国家政策情况、国外发展情况，以及未来科技发展等方面去思考是否具有长期投资价值。我们站在更高、更大的空间视角看事物，往往能够看得更全面、更长远。

关于自己的成长和发展问题，也应该站在更高、更大的空间视角层思考。真正优秀的人，会站在更高、更大的空间维度去看问题。因为站在更高的视角，我们往往更能看清自己所处的位置，看清问题的全貌，看到事物的本质。一切战术的制定，一定是站在战略高度的层次去思考的。看待自我的成长，也要切换到更高、更大的空间视角来审视自己。

切换方向视角——逆向思维

切换方向视角是指从大家习以为常的、惯性的思考方向切换到另一个方向。比如，逆向思维就是切换到相反的方向去思考。很多时候，按照人们惯常的方向思考很难有所创新，但是，如果能够跳出这个惯常的思维方向，往往能够洞见到不同。切换方向视角是提升创新能力的重要的思维方法。

逆向思维

越聪明、创新能力越强的人，越习惯逆向思考。"逆向，永远要逆向思考。"这是数学家雅可比取得成就的重要秘诀。投资大师查理·芒格也喜欢逆向思考。比如，大部分人更关心如何在股市投资上取得成功，而芒格最关心的是，为什么在股市投资上大部分人都失败了。通过了解别人是如何投资失败的，来探索投资成功的方法。其实，这就是典型的逆向思考。他的这种逆向思考方法来源于一句蕴含深刻哲理的农夫谚语："我只想知道将来我会死在什么地方，这样我就不去那儿了。"

所谓逆向思维，就是将自己的视角切换到大家习惯的思维的反方向，从而收获别人看不到的创新和洞见。这一思考方法对很多领域的创新都非常有价值。

逆向思维之商业运用

商业模式创新

商业领域是一个同质化竞争十分激烈的领域，任何热门行业或新风口都会吸引无数资本和企业涌入，在一些成熟领域里也是一片红海。那些想突出重围、脱颖而出的企业，就不得不在产品、技术、商业模式乃至品牌等方面去创新，而逆向思维是企业创新非常有效的一种方法。

作为中国最大的互联网公司之一的美团，之所以能够在"百团大战"中脱颖而出，就是因为在商业模式上没有跟风，反其道而行之采取了逆向策略。当时，市场竞争已经白热化，大家还在通过拼命地砸钱、砸广告来吸引流量、开拓市场。为什么会这么疯狂呢？这得从分析其现象背后的商业模式入手，也就是那时候团购的挣钱逻辑是什么。

外行人一定认为，团购的挣钱逻辑是依靠团购产品的差价，但事实并非如此。其真正的利润点来自消费者购买了团购券后却忘记消费的沉淀资金，这个资金比例一般在 10% 左右。整个行业之所以疯狂砸钱，快速扩张的一个重要原因就是能够不断扩大沉淀资金的规模。

美团创始人王兴没有随波逐流，而是从商业的本质入手，本着提升用户的价值和体验出发，采取了逆向策略。别人都靠消费者的沉淀资金来挣钱的时候，他却推出了"过期退款"和"随时退款"的策略，不靠沉淀资金盈利，而是去提升运营效率，增加用户价值，回归到团购商业模式的初衷。这一逆向策略的推出，给行业内竞争对手带来了颠覆性的冲击。如果跟进这一策略，意味着亏损，因为本来就在大量烧钱，人员成本居高不下，所以很快就会被拖垮；如果不跟进，死得更快，因为用户流失了，也就没有流量了。

无独有偶，周鸿祎在创立 360 公司时，在商业模式方面同样采取了逆向思维，在竞争对手都采取杀毒收费模式时，他却采取了免费使用模式，颠覆了整个行业的商业模式。通过采取免费使用模式，360 公司获取了大量的用户，而有了流量之后，就可以衍生出其他的赚钱模式。

蓝海战略的逆向创新

《蓝海战略》是一本非常著名的商业战略作品，它的核心思想就是如何在竞争激烈的红海中找到蓝海，其实这也属于逆向思维。在产业竞争中，别人都在想着如何打败竞争对手，建立防御地位，而蓝海战略根本就不以竞争对手为目标，是跳出大家的同质化竞争思路，以价值创新为本，找到蓝海市场。为了实现价值创新，塑造出新的价值曲线，作者开发了一套四步动作框架，框架的核心内容就是逆向思维方法（见图7-3）。

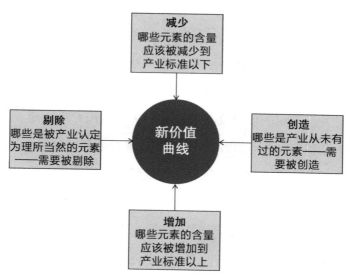

图 7-3　蓝海战略四步动作框架

在现有的产业逻辑中，哪些元素是原来多，需要减少的；

哪些元素是原来比较少，需要增加的；哪些元素是没用，需要剔除的；哪些元素是原来根本就没有，需要创造的。通过四步动作框架，能改变企业原本认定的事实，使之以全新的模样，也就是全新的价值曲线呈现出来。

以美国西南航空为例，西南航空以点对点快速直航为诉求，以低廉的票价成功占领蓝海市场。当行业内的竞争对手都在通过增加各种高端的附加服务来争夺市场时，西南航空却消减了旅行用餐、商务舱候机室及座位选择等服务项，带来的直接结果就是低廉的票价，就像它的广告语所说："飞机的速度、驾车旅行的价格——无论你何时需要它。"西南航空的定位是"空中巴士"，当别人都在做远程航运，对短程航运不屑一顾时，它却主打 800 公里以内的短线廉价航空，单程飞行在 2 小时以内，极大增加了飞机的使用效率，每天空中飞行超过 10 小时。大家知道，飞机每天飞行的时间越长，意味着营收能力越强。

正是与行业常规做法反着来的战略定位，使西南航空成了一家只提供短航程、高频率、低价格、点对点直航的航空公司。财务数据显示，从 1973 年至 2019 年，该公司创造了 47 年连续盈利的纪录。

事实上，蓝海战略的四步动作框架中，每一个动作都是对现有产业逻辑的逆向思考，即原来多的能不能减少，原来少的能不能增加，原来多余的能不能删除，原来没有的可不可以创造，进而创造出一种新的价值曲线。

产品和品牌创新

在产品和品牌定位方面，逆向思维同样有效。方便面市场是一个十分成熟的市场，以康师傅、统一等为首的几大品牌几乎垄断了市场份额。当大家不断在口味、品类等方面下功夫做油炸方便面时，今麦郎则反其道而行之，推出了非油炸方便面，成功打开了一片蓝海市场，创出了一片天地。在可乐品类饮料市场中，可口可乐拥有百年历史，在美国民众心中的地位不可动摇。后来诞生的新品牌百事可乐提出"百事——新一代的选择"，目标客户定位为充满活力的年轻一代消费者，最终实现了品牌的逆袭。

事实上，在商业领域里，处处可以运用逆向思维来寻找创新创业机会。当别人都做"大"的时候，你不妨选择做"小"，如当年的大众甲壳虫汽车；当别人都争着做中高端市场的时候，你不妨选择做低端市场，如拼多多；当别人都做大而全的产品的时候，你不妨选择做小而美的产品，聚焦于战略单品发展；当别人都做快生意时，你不妨选择做慢生意。总之，站到多数人选择的对立面去寻找创新的机会，也许会创造出一片新天地。

无处不在的逆向思维

我们习惯性地认为，很多事物的演变，如市场、语言、文化、习俗、制度、技术及经济等都是自上而下的过程，好像是人类主导了这一切的设计和发展。而《自下而上：万物进化简史》（*The Evolution of Everything*）的作者马特·里德利（**Matt Ridley**）却发现，上述事物演化的原理其实和自然万物演化的规律是一样的，是一个自下而上的过程。因此在生活中解决问题，不能总是采用自上而下的方式去思考，有时候采用自下而上的方式思考反而能够找到问题的答案。

"司马光砸缸"的故事相信大家都很熟悉。其实，司马光在紧急情况之下，没有按照常规思维去"救人离水"，而是逆向思考"让水离人"，果断地用石头把缸砸破，机智地救了小伙伴。

《阅微草堂笔记》中也记载了一个逆向思维的故事。一个寺院重修山门，需要找回多年前掉进河里的石兽。一般人会认为石兽肯定不是在原处就是在下游，因为它又硬又重，然而按照这个办法始终没有找到。这时，一个经验丰富的老河工告诉大家不妨到上游去找一找，结果很快就在上游找到了石兽。这是为什么呢？其实，老河工根据实地情况发现，河底全是松软的沙子，当河水流到石兽前方时就会形成一股反向水流，在迎水面容易冲出一个沙坑，石兽就会逆水流而翻进去。如此循环往复，石兽自然会逆流而上。

其实，无论工作中还是生活中，在遇到问题时，我们都可以通过逆向思考以一个全新的视角来帮助我们解决问题。要想熟练掌握和运用逆向思维，使其成为一种提升创新能力的习惯，需要长期在实践中练习，将受限者思维转变为变革者思维。

切换方向视角——减法思维

中央电视台有一则关于家风家教主题的公益广告，广告的主题是"人生留白，风景更美"。视频中，一个不到 10 岁的小女孩正在画山水画，当她看到画纸上还有些空白时，就想在空白处再画一些树，让整幅画看起来更饱满些。这时，奶奶却提醒她说，画画要适当留白才好看。小孙女有些不解，于是问奶奶："什么是留白？"奶奶没有直接解释，而是让她画飞鸟试试，结果小姑娘发现画面一下子变得更广阔了。这时，奶奶说了这样一句话："画画要留白，人生也一样，不要把生活填得太满，多给自己留些空间。"

这则公益公告里讲的"画画要留白"的道理，其实正是一种减法思维。我们都习惯做加法，总是把自己的生活空间装得满满的。但有时候，对于很多事情，如果切换一下视角，由加法思维变为减法思维，就能够让你收获更多洞见和智慧。

做加法的思维惯性

逆向思维告诉我们，不要沿着惯常的思维方向去思考，而是要跳出来，往反方向去思考，这样就会有不一样的发现和洞见。而减法思维也是一种逆向思考，因为我们都习惯做加法，在做加法这件事上我们存在固有的思维惯性。

为什么人们本能上或者习惯上更喜欢做加法，而不是做减法呢？

作者通过大量的研究发现，忽视减法思维并不是由某一个因素导致的，也不是因为人的个体差异所致，而是由深刻且复杂的先天和后天因素，共同起作用所形成的思维习惯导致的。

首先，从我们人类祖先进化的角度来看，在农业文明之前，人类天生具有获取物品的本能，总是倾向于获取更多的东西，形成了一种"求多"的文化和思维。

其次，从现代人类文明及经济发展角度来看，文明、科技及经济的不断积累和发展过程都是做加法的过程，这也再次引导和推动了人们做加法的思维和文化。比如，房子越多越好，财富越多越好，生活越忙碌越好，旅游行程越满越好，等等。其实，这些都是做加法的思维。

再次，从心理学角度来看，人们天生就对因为减法而导致的"少"存在认知偏误。比如，赢得 100 元的满足感比不上输掉 100 元的失望，也就是说，我们对损失的反应要强于对收益的反应，这在心理学上叫"损失厌恶"。正是这种将减少当成损失的心理，才导致人们更喜欢做加法。

最后，从佛学中人性的角度来看，人有"贪、嗔、痴"三毒。其中，人类对于物质财富、权利、名誉等的贪欲和占有欲也体现了一种加法思维。

做减法的人生智慧

做加法是思维惯性，是本能，但尝试逆向思考，学会做减法会让你更有洞见力。正如莱迪·克洛茨（Leidy klotz）在《减法》（*Subtract*）一书中所说："人这一生的修行就是做减法的过程。减法思维不是要求我们简单地摒除冗余的信息，而是教会我们在日常生活中洞察真相，使我们看得更透彻，活得更轻松。"

虽然减法思维很重要，但是真正做起来并不容易，因为你需要在习惯的加法思维中跳出来，做反直觉的逆向思考。首先，我们在遇到问题时，要尝试更深入地理性思考，不能仅靠直觉来做决策，因为直觉更依赖加法思维。其次，遇到需要解决的问题时，既要考虑做加法，又要考虑做减法。但凡想到加法方案，一定要将反方向的减法方案也纳入我们的心智中，即做到将加法思维和减法思维成对捆绑，这样就避免了我们容易忽略做减法的思维习惯。

运用减法思维，更能看到问题的本质

在加法思维成为大家思考问题的主流思维时，学会运用减法思维，有时候能够帮助我们看到问题的本质，找到解决问题的方法。

其实，生活中，有意识地运用减法思维，反倒能够找到更好的解决问题的方法。比如，随着城市规模的不断扩大，习惯上大家总以为只要多修建几条路就能解决交通拥堵问题。而事实上，大城市的交通是一个非常复杂的系统，有时修路反而会使交通更加拥堵，而有时减少一条路，反倒没那么拥堵了。

学会做减法，让生活变得更轻松

追求加法，只会让我们的生活变得越来越复杂、越来越忙碌，生活节奏越来越快，我们会因此而活得越来越累。其实，每个人的生活都是一个系统，如果只想着做加法，就会导致系统不断熵增，变得越来越失序。而减法思维能够帮助我们实现生活系统的熵减，变得更加有秩序，我们也会因此而变得更加轻松。"断舍离"的核心思想就是做减法。

好战略就是学会做减法

在前面的章节中我们提到，好战略就是聚焦，做取舍，而聚焦就是学会做减法。企业经营战略不是一味地追求规模，做加法，无限多元化，摊大饼。好的经营战略一定是做减法，聚焦核心业务发展，禁得住诱惑，不盲目搞多元化。事实上，做减法才能更专注，而只有更专注，企业才能走得更远。

说到中国的房地产行业，就不得不提到万科。之所以万科能够成为行业的标杆和典范，离不开它早年在战略上做的减法决策。早期的万科并不是一家专业的房地产公司，而是涉猎了多个产业，包括超市经营、饲料销售等，房地产只是兼营业务。当时，超市和饲料等业务都很赚钱，但是在战略选择上，万科没有继续坚持多元化经营战略，而是果断做了取舍，卖掉了其他业务，专注于住宅地产。也正是万科当年在战略上做减法，且持续多年专注于房地产领域，才有了后来的行业龙头地位。

事实上，在信息大爆炸、媒体去中心化的时代，在企业产品经营战略中，产品不在于多，而在于精。企业必须学会用减法思维打造大单品战略，这对于初创企业尤为重要。做得少，才能做得精；做得少，才能做得专；做得少，才能做得深；做得少，才能更专注。

在商业竞争中，有时不在于做加法，追求规模，追求大而全；而是看能不能适时做减法，保持定力，保持专注，这本身就是一种智慧、一种境界。只有做减法才考验一家企业的经营智慧。

智慧的人生是学会做减法

年轻的时候，我们习惯给人生做加法。但是，随着年龄的增长，阅历的增加，发现减法思维才是更大的智慧。

就像孔子所说，人到40岁，应该做到"40不惑"。不惑有几种解释，有的解释为不困惑，对很多事情有自己独立的判断。还有一种解释是不惑于外物，就是知道自己该做什么、不该做什么，能够聚焦于清晰的目标上，不被目标以外的事情所影响。其实，这些解释都体现了减法思维的智慧。

一个人如果到了40岁，还没有清晰的目标和使命，不知道自己在事业上真正想做什么，就会很迷茫。如果始终没有找到发自内心想要实现的事业目标，就很容易受到外界干扰，到头来什么都没做好，什么都做得不专业，终究是一事无成。而一旦有了清晰的目标，就要聚焦于此，不再被外界无关的人、事、物所牵绊、干扰和诱惑，专注做自己该做的事情。

一个人的发展，越往后走，越要学会做减法。只有聚焦在某一目标领域，舍弃其他不太重要的方向，保持专注，进行深耕，才会有所得。其实，一个人在五个领域里都做到20分，不如在一个领域里做到 100 分，哪怕做到 80 分也很有价值。

　　一个人内在修行的智慧在于做减法，而不是做加法。老子在《道德经》中讲道："为学日益，为道日损。损之又损，以至于无为，无为而无不为。"

　　"为学"是指在学习方面，知识会越学越多，这对我们认知事物及增长见识有很多好处。但是"为道"需要做的是减法，道是事物最本质的规律，是大道，"为道"是内在的修行，要不断减少内心杂七杂八的欲念和贪念，不被事物的表象和外在的东西所困扰、迷乱，最终到达无为的境界。

第 8 章

学会切换边界视角

切换边界视角

切换边界视角是指将我们的视角由原来习以为常的、主流的、熟悉的关于事物认知的边界内切换到边界外或边界交叉处，这样往往能够发现创新机会或创造性地解决问题，洞见到不同的东西。

阻碍创新的两大边界

切换边界视角说起来容易，做起来非常难，为什么这么说呢？

因为切换边界就需要跳出原有的边界去看问题，这往往意味着一种创新，而创新的过程就是打破惯性思维、打破边界障碍、打破自我认知的过程，只有破界才能更好地创新。而阻碍我们创新的有两大边界，即从众效应边界和自我认知边界。如果无法突破这两个边界，真正的创新就无从谈起，也就无法提升洞见力。

从众效应边界

从众效应大家并不陌生，有很多专家做过经典的实验，如阿希教授著名的"线段实验"，这个实验的目的是研究人们会在多大程度上受到他人的影响，产生从众行为。

实验非常简单，就是邀请大学生来比较线段的长短。在每一组的 7 个人中，有 6 个人是事先安排好的托儿，在回答 A 卡片上的一条线段与 B 卡片上三条长度不一的线段哪条最接近时，他们故意给出明显错误的答案，看看唯一的被试发生从众行为的概率有多大。经过多次测试，结果发现，平均有 33% 的人是从众的，76% 的人至少做了一次从众的判断，而只有 24% 的人从头到尾都坚持自己的判断，没有从众。

其实，在任何一个组织或社会中，都存在从众效应。个体在群体认知和信念的影响下，往往会改变自己的判断和认知，趋向于与群体保持一致。比如，创业喜欢跟风，投资股票喜欢听所谓"专家"的意见。

事实上，每个个体都无法脱离群体的影响，但是，一味地盲目从众，就会扼杀一个人的积极性和创造力。所以说，真正的创新，尤其是颠覆式创新，一定是打破从众效应边界，破除外界群体认知的影响和限制，独立思考，进而产生新的边界视角的结果。

人类每一次重大发现和创新，都是对群体认知的突破。哥白尼的日心说是对当时群体所认知的地心说的突破，爱因斯坦的相对论是对牛顿力学定律的认知突破。人类科学和认知的每一次进步的过程，就是不断打破从众效应边界、打破前人群体认知的过程。

因此，切换边界视角，首先切换的就是从众效应边界。只有不从众才能独立思考，进而才能更好地创新。

自我认知边界

阻碍我们切换边界视角去创新的，除了从众效应外，还有自我认知边界。

在我们生活的世界中，为了便于理解，人们常常会给事物划分各种边界，如市场边界、行业边界、技术边界、认知边界、法律边界及是非边界等。还有一种天然的边界，如大海、沙漠、城市、森林及河流等，虽然事物是自然界天然存在的，但其实定义其边界的还是我们人类。

有一个特别值得我们思考的现象，就是我们习惯给事物划分各种各样的边界，这体现了我们的一种认知能力。但是，一旦我们对事物划分出了边界，这个边界往往会成为限制我们认知事物的巨大障碍，也就是我们所说的"画地为牢"。人们往往在没有边界的时候想画一个边界，而有了边界，往往又会被局限在边界内思考。比如，在汽车发明之前的马车时代，当我们定义了马车时，我们就会拼命地思考如何提升马车的效率和舒适度等问题，很难跳出马车之外去想一种更快的交通工具。但是，那些颠覆式创新往往来自既有的认知边界外，如汽车。在我们定义了燃油汽车后，一百多年来，几乎所有的汽车企业思考的都是提升燃油汽车的性能，比如制造更节油、更高效、更耐用的发动机。但是，马斯克创造的特斯拉跳出了燃油汽车的边界，进入了一个新的边界——新能源汽车。

不只是汽车领域，很多行业和领域的重大创新，其实都来源于人们定义的、熟知的、既有的认知边界外。比如，苹果智能手机是功能手机边界外的创新，微信是短信边界外的创新，电商是线下商业边界外的创新。当然，有些商业创新离不开技术的进步与发展，而技术的进步与发展往往是由于突破了既有的边界。

很多人和企业之所以无法创新，说到底其实都是自我认知局限造成的。切换边界重要的是敢于尝试和打破自我认知边界，将我们的视角切换到事物既有边界和自我认知边界外去思考和创新。一定要记住，只有破界才能创新。如果认知得不到突破和提升，就很难实现真正的破界创新。经济学家何帆教授说过："真正的创新都是认知升级的结果。破界创新指的不是打破外在事物的边界，而是打破内在的认知边界，从而实现创新。"

所以说，要想提高创新力和洞见力，一是要独立思考不从众，二是要不断突破我们的认知边界。

而做到这两点其实并不容易，最有效的方法就是不断地学习和成长，不断刷新自己的认知体系，建立一套多元化的思维体系，多进行批判性思考，从而不断超越自我。

将视角切向边界外

认知都有边界，我们在看待很多问题的时候，如果迟迟解决不了，不妨把视角转换到边界之外，说不定会看到不一样的世界（见图 8-1）。

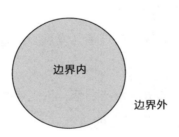

图 8-1　认知的边界内与边界外

在企业价值网边界外创新

企业价值网有其界限和范围，是由主要的技术范式和更高层次价值网所呈现的相应的技术轨线来决定的。

事实上，一方面，企业的生存和发展离不开既有的价值网；另一方面，企业往往被这个价值网所禁锢。就像李善友在《第二曲线创新》中所说："你所拥有的，往往会变成制约你的。换言之，企业一旦选择了生态位，就会反向被其生态位禁锢，这将决定企业的成败。"这也就解释了，为什么有些大企业会失败。一些大企业之所以能够取得成功，就是因为它们在现有的价值网或生态位内持续保持创新，锐意进取，认真听取客户的意见，但是，这里的创新往往是延续性的、渐进式的创新。就像功能手机时代的王者诺基亚一样，不断在手机外观、性能及种类等方面进行延续性创新。诺基亚在既有的价值网内市场份额不断扩大，最高时甚至达到全球的35%，曾连续 14 年占据市场份额第一。既有的价值网市场不断地为大企业创造利润，也使得大企业很难去重视这个主流价值网边界以外的创新和小市场。而破坏性技术和颠覆式创新往往诞生在边界外的新兴市场，这就给那些新兴企业颠覆大企业带来了可乘之机。

从另一个角度来看，对那些初创的小企业而言，虽然可能没有能够颠覆市场的破坏性技术，但是，从创业的成功概率来讲，选择主流价值网边界外的新兴价值网，其成功的概率会高很多。创新领域专家克莱顿·克里斯坦森研究发现，创新企业如果选择进入主流价值网，和价值网内已经成熟的大企业直接正面竞争，那么其成功的概率只有 6%；而如果选择新兴价值网，进入主流价值网边界外的新兴市场，成功的概率可以达到原来的 6 倍以上。事实上，这对初创企业来说是一个非常有价值的数据。

克里斯坦森认为，技术和市场的组合创新能够带来颠覆式价值。因此，李善友在价值网理论的基础上，将其简化为由技术和市场组成的一个易于理解的价值体系图（见图 8-2）。

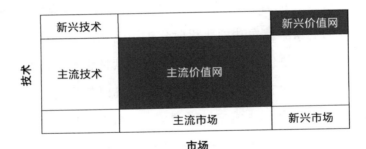

图 8-2　价值网体系

主流价值网由主流市场和服务客户的主流技术组成，代表的是已有的、相对比较成熟的市场。而在这个边界外，是由新兴技术和新兴市场组成的新兴价值网。对创业者来说，进入新兴价值网可能是更好的选择。不在主流价值网和大企业直接竞争，而是切换到主流价值网边界外，选择一个小的新兴价值网去创业，找到一项新技术和一个小众市场，将其组合起来，就是一种创新。"中关村第一才女"梁宁总结过一个洞见："我们能做的是努力观察强大对手的边界，在他的边界之外寻找破局点。"这个破局点，其实指的就是新兴价值网。

在问题的原有边界外思考

每当我们解决一个问题，最重要的其实是将问题界定清楚，也就是弄清楚这个问题的框架和边界。很多问题的解决，如果只在原有的边界和框架内思考，就找不到答案；而如果能够跳出问题原有的边界和框架，将视角切换到边界外去思考，往往能够使问题迎刃而解。

爬山是很多人非常喜欢的一项运动，然而，如果攀爬海拔七八千米以上，甚至环境比较恶劣的雪山，就属于一种极限运动了。这种极限运动需要进行充足的训练和准备，需要有专业的攀登设备（如氧气瓶、帐篷、睡袋、食物及专业的衣物等），还需要有庞大的后勤团队来提供运补和其他方面的支持。

像这种极限运动，需要使用大量的人力和物资，在攀爬过程中，需要做多次的运补并预备固定绳索，而且到登顶阶段，也就是攻顶时，还要分多天缓慢地逐步推进，这种模式是很多专业登山队一直沿用的方法，叫"极地包围法"。在相当长的一段时期内，尤其是在面对攀爬难度高、山体大（8 000 米以上）的雪山时，这种方法都被认为是唯一有效解决问题的思考框架。

在这样的认知边界内，攀登世界第一高峰——珠穆朗玛峰就必须得有足够的专业设备，尤其是氧气瓶。因为，大家知道，一旦海拔超过 8 230 米，人类就会严重缺氧，易导致脑损伤，甚至会面临死亡的危险，所以不能长时间严重缺氧。我们知道，一些人去西藏游玩，在四五千米海拔的山上都会有高原反应，更别说 8 000 米以上的海拔了。

那么问题来了，能不能不用氧气瓶也能完成攀登珠穆朗玛峰的壮举呢？如果你在"极地包围法"的认知边界内思考，得到的答案一定是"不能"。

只有跳出原有思考问题的边界，才能找到解决问题的答案。两个来自东阿尔卑斯山长大的哈伯勒和梅斯纳就是这么做的，他们完全跳出了过去的认知边界，开创了一种新的登山方法，叫"阿尔卑斯式攀登"。这种攀登方法的精髓或关键在于速度，讲究的是轻装上阵，必须卸下所有沉重的装备，如氧气瓶、睡袋及帐篷等，然后在保证速度的情况下，完成一次性冲顶。这几乎与"极地包围法"完全不同。

这种方法对于征服极高难度的山峰有没有效呢？事实上，他们采用这一方法，在面对一道 1 830 米高的石灰岩壁时，只用了 10 小时就成功登顶这个异常陡峭的艾格峰北坡，而其他专业和优秀的登山队至少要花 3 天的时间才能登顶。更令人难以置信的是，他们在 1978 年的春天，从珠穆朗玛峰海拔 7 930 米的 4 号营地一早出发，仅用了 9 小时，就实现登顶和撤回的整个过程，而且全程不用氧气瓶，成功征服世界第一高峰。

可见，如果只局限在"极地包围法"的认知边界内思考，那么思考的都是在原有认知的基础上进行的微改进和微创新，比如，提高登山靴的雪地适应能力，提高睡袋的防风保暖效果，对氧气瓶进行改进，等等。这样的思考无法突破原有的边界，无法实现突破式创新。

我们发现，解决很多问题都是如此，如果只在问题的原有认知边界内思考，就很难得到创新的解决方案，只有跳出来，打破原来的认知边界，重构一个新的边界，才会为我们带来一种全新的思路和全新的解决方案。

在两个边界交叉处创新

视角切向边界外，是从一个边界里向边界外切，而切向两个边界交叉处则涉及两个边界。边界交叉处是两个边界的协同、融合、创新之处，当我们将视角切换到这部分时，其实就产生了一个新的视角，能够让我们洞见到不同（见图 8-3）。

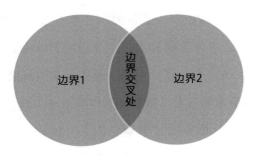

图 8-3　将视角切向两个边界交叉处

从图 8-3 中可以看到，两个边界的交叉处其实蕴含了无限的可能和机会。接下来，我们介绍一种能够实现双赢的第 3 选择思维。

《第 3 选择》（*The 3rd Alternative*）是《高效能人士的七个习惯》（*The 7 Habits of Highly Effective People*）的作者史蒂芬·柯维（Stephen Covey）（享誉全球的"思想巨匠"）生前写的最后一本书。这是处理生活和工作中各种难题或意见冲突的一把钥匙，也是一种有效的创造性解决问题的重要思维。

很多时候，我们总是习惯在非此即彼的二元框架内思考问题。比如，我是对的，你是错的；要么按我的要求做，要么按你的要求做；不是我赢，就是你输，等等，好像所有的事情就只有两种选择。正是这样的思维习惯，导致了各种对立、冲突、偏见。

柯维认为，大多数人认为解决冲突只有两个选择，第 1 选择是"我的方法",而第 2 选择是"你的方法"。那么,能不能寻求一种"协同",在"你的方法"和"我的方法"之间,找到一种"我们的方法",也就是第 3 选择呢?答案是肯定的,这就是柯维提出的第 3 选择思维(见图 8-4)。

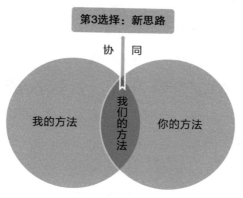

图 8-4　第 3 选择思维

第 3 选择思维是一种创造双赢的思维,它告诉我们,不要把所有的焦点都放在"我的方法"中,或都放在"你的方法"中,而是将视角切换到能够协同的"我们的方法"中。只要跳出非黑即白、非此即彼的惯性思维习惯,就能够以协同的、全新的视角找到双赢之路。第 3 选择思维既不是忍让,也不是妥协,而是一种创造,它所起的效果不是"1+1=2"或"1+1<2",而是"1+1>2"。就像很多伟大球队的化学反应一样,整体的协同能力要远远大于简单的单个队员天赋和技巧的相加。

被印度尊称为"国父"和"圣雄"的民族解放运动领袖甘地，在领导印度的独立运动中，没有选择直接进行暴力对抗，也没有选择妥协和逃避，而是创造了第3选择，也就是他提出的"非暴力不合作"哲学思想。他的一生都致力于"非暴力不合作"运动，这一运动最终以印度独立结束。

柯维在书中还讲到了一个小镇公园的案例，很好地说明了只有借助第3选择思维，才能最终找到创造性的解决方案。这个小镇公园面临着两个现实难题：一个难题是养狗的人与反对养狗的人之间有冲突，养狗的人想在公园里遛狗，而反对者认为这会给公园环境制造混乱和不安全因素；另一个难题是，公园由于资金削减而只能停业关闭，但是，无论公园的管理者、遛狗的人，还是不遛狗的人都不愿意看到这个结局。如何既能解决资金问题，又能保证遛狗的同时不被其他人反对，使公园保持清洁、安全、不混乱的环境呢？这就要借助第3选择思维，找到一个能够协同大家利益的创造性的办法。

"建立一个爱犬墓园"，正是这个看似奇怪的想法成了拯救公园的关键。拿出一小块空间用于建爱犬墓园，为养狗人士提供一个纪念他们宠物的场所，这也为公园的维护提供了一个筹钱渠道——养狗人士的捐款。同时，在公园里专门设立一个遛狗区，狗主人们可以在这个区域里自由遛狗，并且自觉建立维护公园卫生的意识，这样不会影响到公园里的其他人。最终小镇公园得以拯救。

　　其实，生活中很多复杂的问题和冲突都可以借助第 3 选择思维来解决。但有一个重要的前提，就是要能够在大脑中建立一种"第 3 选择"思维模式。那么，该如何建立这种思维模式呢？柯维给出了四步转换思维模式的方法。

　　第一步要做到"我看到我自己"，也就是将自己视为一个有创造力和自我意识的人，透彻地了解自己的内心和观点，这是走向协同的第一步。第二步是"我看到你"，也就是积极地关注并接受对方。第三步是"我找到你"，放下防御心理，能够以同理心去倾听对方的意见，真正理解对方的看法。当我们能够做到第三步时，就很容易抵达第四步——"我和你协同"，即双方彼此相互理解，能够开诚布公地坐在一起，寻找一个共赢的解决办法。这就是第 3 选择思维形成的过程。

　　事实上，第 3 选择思维的一个关键点是能够切换自己的思维模式和视角，当一个人的思维模式习惯了以"自我"为中心去看待他人、看待事物和冲突，那么他将看不清自己，也看不清别人，也就无法形成第 3 选择思维。如果做什么事都只站在自己的角度看问题，只考虑自己的利益，也就无法和对方协同。很多情况下，问题的冲突点并不是关键，关键是冲突背后更深层次的问题，那就要看我们能不能转变思维模式。

创新就是创造新边界

切换边界视角，其实是让我们突破边界去思考、去创新。所以，创新的另一个解释就是创造新边界。无论产品创新、科技创新还是组织创新，说到底，其实都是创造一个新边界。

因此，在通过切换边界视角进行创新时，首先要思考需要解决的问题的原有认知边界是什么，大家对此问题的认知和解释是怎样的。然后尝试突破和跳出原有的认知边界，去重构一个新的边界。所谓创新精神，就是不因循守旧，不盲目从众，而是敢于质疑权威，敢于打破和重构。

所谓成长，就是不断突破边界的过程

一个人的成长，其实就是自我创新的过程，也是不断打破能力边界、认知边界及身份边界的过程。要想成长，就要建立终身学习的成长型思维，而不能以年龄、学历及环境等因素为借口，躺在舒适区里不愿走出来。

在充满着不确定性的时代，很多人都将面对如何开拓人生第二成长曲线的问题。这就需要敢于突破自己，打破过去的能力和认知边界，去创造一个新的可能，塑造一个新的身份边界，开拓一个新的成长领域。比如，你过去是一名公务员或大学老师，后来辞职创业，成了一名职业经理人，从而打破与重塑了认知和身份的边界；过去也许你是一位普通的上班族，后来辞职开始从事写作，成了一位畅销书作家，这就是身份的打破与重塑，自此，你开创了自己人生的第二成长曲线。

事实上，在当今这个快速变化的时代，知识和技能的更新速度很快，需要我们不断地学习并突破自己。很多职场人都需要打破原有边界，到一个新的领域塑造一个新的身份边界。越优秀的人，越敢于打破自己的能力边界、认知边界及身份边界，甚至他们同时拥有多个身份、多项技能，而不是将自己局限在某个领域内，即使自己不喜欢也不敢跳出来。

所以，成长就是不断突破边界的过程。唯有敢于突破、敢于梦想，才有更精彩的未来。

产品创新的关键在于打破产品边界

在企业经营中，所谓产品创新，其实就是创造一个新的产品边界。可以说，任何产品创新，本质上都是对产品原有边界的突破。

突破原有边界的创新有两种形式：一种是渐进式创新或微创新，是对产品局部边界的创新，如产品功能边界、产品概念边界或品类边界的扩展。

产品功能边界的扩展，以手机产品为例，在功能机时代，企业更多的是通过扩展功能边界来创新，比如增加音乐功能、照相功能及录音功能等。产品概念或品类边界的扩展，即创造一个新品类的概念。比如，娃哈哈营养快线是最早开创"牛奶+果汁"这一新品类的产品；在啤酒领域，新品类也不断涌现，如生啤、无醇啤酒、冰啤和原生啤酒等。

另一种是跳出原有系统边界外去创新，重新塑造一个新的系统。这种边界的突破叫颠覆式创新。比如，新能源电动汽车对传统燃油汽车的颠覆，它不是在燃油汽车边界内改进，而是跳出这个边界，创建了以电池为动力的新边界。

事实上，随着科技和人工智能的发展，很多领域的产品边界都将被打破，进而被重新定义，这也是创新的过程。因此，未来企业的发展和竞争，关键在于是否拥有不断打破产品边界去创新的能力。

人类的演化就是创造新边界的过程

事实上，人类的演化过程就是一个不断创新、不断打破边界的过程。从低级到高级，从简单到复杂，从细菌到单细胞，从单细胞到多细胞，从多细胞再到复杂的生命，一直演化到现在的人类。可以说，这一演化过程就是创造新边界的过程。

人类生存的边界其实也在不断地被创新和打破，由早期几万年前的非洲大陆，历经两万多年，人类便踏足了各大洲。如今，人类在探索宇宙方面从未停止脚步，从登月到向火星发射探测器，一直在打破地球生存的边界，拓展对宇宙、生命的认知。

创新的本源在于打破自我认知边界

创新的过程就是不断打破和跳出原来的系统边界，重新塑造一个新的系统边界的过程。这个系统边界往往来自过去人们对该系统的认知和定义，因此，创新的本质在于打破自我认知的边界。

人类在天文学、物理学、生物学、化学、经济学及心理学等领域的探索，是人类认知边界不断被扩展和打破的过程。尤其是那些推动人类进步的重要技术创新和理论发现，都是人类打破原有认知边界，进入一个新的认知边界的过程。比如，牛顿突破了对过去物理学的认知体系，建立了新的经典力学理论体系；爱因斯坦突破了牛顿经典力学理论体系，提出了新的相对论理论体系；而随着量子力学理论体系的发展，人类又突破了爱因斯坦相对论理论体系。

在商业领域里有这么一句话："创始人的认知边界就是一家企业发展的真正边界。"企业能不能发展，能够做多大，离不开创始人的认知能力。只有创始人不断打破自我的认知边界，企业的边界才能得以突破。个人成长亦是如此，只有认知不断升级，个人才会不断成长。

事实上，无论自然科学的进步还是社会科学的进步，无论企业创新还是个人发展，关键都在于能不能不断打破原有的认知边界。

培养创新力的七项修炼

所谓创新，简单地说，其实就是产生有价值的、新颖的想法。创新力在这个飞速发展的时代越来越重要，国家之间、企业之间乃至个体之间的竞争，说到底都是创新力的竞争。

随着人类对脑科学及神经科学的不断研究发现，人的创新力是可以培养的，每个人都可以拥有创新力。但是我们也发现，生活中真正有创新力的只是极少数人。这是为什么呢？

事实上，我们无法创新性地思考，其本质并不在于我们的大脑不够聪明，而是大脑中已经形成了惯性的、陈旧的思维模式。我们过去的经验和认知形成了固定的框架，有了这个框架，我们就不愿意去改变，不愿意切换到新视角去思考，也就跳不出认知边界。被称为"宏观经济学之父"的英国著名经济学家凯恩斯曾说："难点并不在于没有新想法，而是无法摆脱那些陈旧的观念。"

因此，想拥有创新力，就得跳出惯性思维，摆脱限制我们的那些框架，切换到一个新视角去思考。下面是我结合前人研究的经验，总结出的关于培养创新力的七项修炼法。

第一项修炼：保有一颗强烈的好奇心

培养创新力，非常需要保持孩子般的好奇心。

达·芬奇对任何事物都抱有好奇心。正是这种好奇心的存在，使他在绘画、雕刻、建筑、数学、生物学、物理学、天文学及地质学等诸多领域都取得了一定的成就。很多别人不在意的问题，他都抱有好奇心并找出了答案。比如，天空为什么是蓝色的？鸟的翅膀是向上拍动飞得更快还是向下拍动飞得更快？啄木鸟的舌头长什么样？在他的笔记中记录了数百个这样天马行空的问题。亚里士多德说过："哲学起始于人们对万事万物的惊异，这种初心才是产生创新的源头。"爱因斯坦也说过："我没有什么特别的天赋，只是充满了强烈的好奇心罢了。"

人类只有有了好奇心，才能提出一些创新性的问题。就像孩子一样，不带有先入为主的想法简单地思考问题，这样才能跳出成年人认知中既有的框架和惯性，只关注问题的本质，不被有色眼镜所遮蔽。爱因斯坦带着强烈的好奇心，经常会提出一些让别人不屑的问题，比如，与一束光并驾齐驱是什么感觉？如果你的飞行速度与光相同，那么周围的一切都是静止的吗？正是这样的问题，让爱因斯坦跳出了前人关于物理学的经验和认知范畴，才有了后来的相对论理论。

可以说，好奇心是一个人培养创新力的重要驱动力和起点，如果一个人对什么都不感到好奇，对什么都没兴趣，就无法引发下一步的思考。因此，想培养创新力，首先要抱有一颗强烈的好奇心，用它驱使你去探索未知的世界。

第二项修炼：为好想法留出带宽

人的大脑在思考时是有带宽的，如果你专注于其他事情，就无法腾出带宽关注这件事。因此，平时不要在不重要的事情上或一些无用的想法上花费过多的时间；要释放出一些带宽和容量，为随时可能出现的好想法腾出足够的空间。如果各种各样的浅层思考占据了大脑全部的空间和带宽，那么等创新的灵感出现时，很有可能就一闪而过了。因此，培养创新思考能力，首先要善于清空大脑。真正的创新往往来自集中注意力的思考，而这需要大脑留有足够的空间去容纳它。

在进行创意性的思考时，为了让大脑有足够的带宽，最好能够找到自己的"私享时间"，即专属于自己，不会被任何事情所干扰，且处在一个十分安静的环境中的时间段。在这个私享时间里，你可以在毫无压力的情况下进行沉浸式思考和创作。比如，一些写作爱好者喜欢把私享时间安排在静谧的深夜，也有人喜欢在清晨写作。安排在什么时间写作不重要，重要的是这一定是你的私享时间，你能够静下来，在毫无时间压力和紧迫感的情况下去自由地创作和思考。这能够大大地提高你的创造力。

人在嘈杂的、易被打扰的、有时间压力的环境中，往往会变得更加紧张，有时候情绪也会变差，而这些其实是大脑创造力的阻碍和克星。所以，如果你从事的是具有创意性的工作，最好每天能够留出一两个小时的私享时间，利用这个不被打扰的独处时间进行创意思考，如果能够进入心流状态，那就更好了。

第三项修炼：有了好心情才有好创意

很多人都有过这样的时刻，在某个情境下突然灵光乍现出现了一个好想法，就好像突然对某件事顿悟一样。研究发现，人们在产生顿悟之前，大脑的前扣带皮层活跃性显著增强了。也就是说，当我们思考那些稀奇古怪的或有创意的想法时，前扣带皮层区域就会亮起，这时大脑的注意力模式会启动，开启思考的过程。

那么问题来了，该如何使大脑的前扣带皮层活跃起来呢？

研究发现，好心情能够引发前扣带皮层变得活跃，因此好心情会大大提升一个人的创造力。相反，人在心情不好时，分析性思维就会占上风，而发散性、创造性思维会受阻。

第四项修炼：善于发现问题并构思答案

培养创新力，有两点非常重要：一是善于发现问题；二是发现问题后，能够自己去构思，并寻找原因和答案。

培养创新力除了需要具备强烈的好奇心之外，还要善于发现问题。只有发现问题，才能引发创新思考。

善于发现问题并不是终点，只有乐于构思，乐于寻找原因和答案，才是创新力培养的完整路径。

我们在寻找问题的原因和答案时，要有一种刨根问底、不到黄河不死心的精神，要深入事物的深层去寻找答案。我们不要轻易下结论，而是要反直觉思考。

第五项修炼：学会破界思考

在切换边界视角的章节中讲过，只有敢于破界才能创新，既要破从众行为的边界，又要破自我认知的边界。在《思维不设限》（*The Medici Effect*）一书中，心理学家们经过研究发现："当我们听到一个词语或想法时，我们的大脑会根据过去的经验形成联系链，这个联系链经常把我们限制在特定的领域或思维模式中。这意味着我们能够迅速得出结论，排除常规之外的想法。"这就是我们在遇到问题时，总是从习惯的思维和角度去思考，跳不出自我认知边界的原因。这就需要我们摆脱以往惯性的思考模式，通过破界思考来培养创新力。

那么，应该如何进行破界思考呢？具体可以从以下几个方面入手。

一是独立思考不从众。不盲目从众，培养自己的独立思考能力。

二是愿意接受新想法。破界思考不能固守成规，不能做井底之蛙，而要拥有开放的心态，可以随时接受新想法，能够打破自己的认知边界。

三是敢于质疑自己的判断。我们在日常思考中，往往会依靠直觉，根据既定的思维模式，很快做出决定。其实，我们需要反思自己的判断和思考过程，尤其是对于复杂问题，更不能轻易做出判断，而是要敢于质疑自己，进而产生创新力。

第六项修炼：专注模式与发散模式相结合

《学习之道》（*The Art of Learning*）一书中讲到了大脑的两种模式，即专注模式和发散模式。当我们思考问题时，必须先开启专注模式，生成初步思路后，发散模式才会起作用，灵感才会涌现。当我们的大脑处于松弛状态时，发散模式会乘虚而入，让大脑的不同区域得到相互关联的机会，从而反馈给我们宝贵的灵感，高屋建瓴地搜寻解决方案。当有人问牛顿是如何发现万有引力定律的，他回答道："我一直都在思考。我心里一直想着这件事，忽然曙光展现，一点一点，终于豁然开朗。"

创新思考需要在专注模式和发散模式之间相互切换。大脑只有长期专注于某个问题，才会在放松的时候切换到发散模式，利用潜意识继续工作，直至出现灵感。事实上，人的创造力既需要专注模式的输入，也需要发散模式的灵感输出。没有专注模式，发散模式就不会起作用，只有二者相结合，才能让人的思考更有深度和创造力。

第七项修炼：拥有乐观的心态

通过切换视角培养思维创新力，需要具备乐观的心态，坚信自己能够最终取得成功。只有抱有乐观、积极的心态，才能清晰地看到自己的目标，更加专注于自己的思考。乐观者渴望成功，即使遇到挫折，也会继续前行；而悲观者害怕失败，一遇到挫折很容易就放弃了。研究表明，积极的心态有助于大脑和身体更好地运作，帮助我们取得更多的成就。当别人嘲笑爱迪生实验失败太多次时，他却坦然地回答："虽然我失败了，但我却发现了有几千种材料不适合做灯丝，在这方面我是成功的。"所以说，悲观者永远正确，而乐观者永远前行。

最后，我想说，换一个角度看问题，就会多一份解决问题的答案；换一个维度看世界，就会多一份生活的精彩。只有不被惯性思维模式和行为模式所限制，能够切换一个新视角，打破思维的桎梏，才是一个人培养创新能力的关键。